杭州市哲学社会科学规划重点课题

杭州历史文化研究丛书

都锦生织锦史

朱静／著

中国社会科学出版社

图书在版编目（CIP）数据

都锦生织锦史 / 朱静著. —北京：中国社会科学出版社，2014.6

ISBN 978-7-5161-4079-6

Ⅰ.①都… Ⅱ.①朱… Ⅲ.①织锦缎—纺织工艺—研究—杭州市 Ⅳ.①TS146②J523.1

中国版本图书馆 CIP 数据核字（2014）第 056688 号

出 版 人	赵剑英	
责任编辑	武 云	
特约编辑	王 娟	
责任校对	李 莉	
责任印制	戴 宽	

出版发行　中国社会科学出版社

社　　址　北京鼓楼西大街甲 158 号　　邮　编　100720
网　　址　http：//www.csspw.cn
　　　　　中国域名：中国社科网　　　010－64070619
发 行 部　010－84083685
门 市 部　010－84029450
经　　销　新华书店及其他书店

印　　装　杭州电子工业学院印刷厂
版　　次　2014 年 6 月第 1 版
印　　次　2014 年 6 月第 1 次印刷

开　　本　787×1092　1/16
印　　张　9.25
插　　页　2
字　　数　183 千字
定　　价　36.00 元

编辑指导委员会

目　录

绪　言

　　丝绸文明承载着中国五千年的文化，许多社会习俗、礼仪都被打上了丝绸文化的烙印，成为民族文化的重要构成要素。织锦工艺作为中国丝绸文明史中一道亮丽独特的风景线，将蚕丝和纺织艺术很好地融合了起来。所谓锦，即具有花纹或文字的彩色丝织品，取其意为帛中的金子，故素有"寸锦寸金"之称。我国的织锦种类繁多，主要有四川的蜀锦、苏州的宋锦和南京的云锦，俗称三大古代名锦，此外还有少数民族地区的壮锦、黎锦、瑶锦等等。

　　浙江杭州素有"丝绸之府"的美誉。七百多年前，马可·波罗在他的游记中盛赞杭州丝绸，唐代大诗人白居易用"天上取样人间丝"来赞誉杭州丝织的美，而"丝袖织绫夸柿蒂,青旗沽酒趁梨花"的诗句更是道出了当时杭州丝织水准之高。直到吴越国时期，杭州才从三大古锦中吸取其工艺水平，发展自己的织锦业。到了近代，作为丝织业发达、丝织产品丰富的杭州成为我国织锦中品种最多，规模最大，工艺最复杂的后起之秀，杭州织锦也就与四川蜀锦、苏州宋锦和南京云锦一起并称为当代中国的四大名锦。而杭州织锦中最有特色、最负盛名、最有代表性的则非都锦生织锦莫属。为什么杭州织锦，特别是都锦生织锦异军突起、独树一帜呢？

第一节　研究对象及内容

　　都锦生织锦最初只是一个人名，既而成为一个厂名，最终特指一种织锦工艺品。1922年爱国实业家都锦生先生利用自己所学的丝织知识，突破一般织物的提花技术，成功地创用影光组织法，将西湖的风景画织入丝绸产品中，设计生产出了中国第一幅黑白丝织西湖风景织锦《九溪十八涧》。随后，都锦生先生在杭州创办了都锦生丝织厂，生产不同品种、不同纹样的都锦生织锦，从黑白织锦，到五彩织锦、丝织台毯、靠垫、丝织佛像，等等，实现了丝织技术令人瞩目的跨越，产品远销东南亚和欧美等地。"九一八"事变以后，在国家的内忧外患下，都锦生先生无力挽回都锦生丝织厂的衰落，丝织厂勉强维持。新中国成立后，都锦生丝织厂重新恢复生产，继续发展织锦工艺品中的"奇葩"——都锦生织锦，而丝织厂被省市政府定为对外开放企业，迎接来自五湖四海的朋友和贵宾。历经时代变迁，杭州市都锦生丝织厂成为从民国以来为数不多的保留至今的织锦生产企业，在保留传统工艺的基础上，不断创新和突破，1990年被国家内贸部评定为"中华老字号"的知名企业。2004年，都锦生织锦中的西湖织锦被列入"首批杭州市传统工艺美术重点保护品种和技艺"。2011年企业再次被国家商务部认定为"中华老字号"企业。同年"杭州织锦技艺"列入了国家级非物质文化遗产保护名录。具有浓厚传统文化色彩的都锦生织锦在历史的浸润中，已然成为丝绸织锦文化的一个代表，杭州文化史中一颗璀璨的明珠。

本研究通过收集、整理有关历史文献资料和开展田野工作，按民国创业（1922—1926）、全面发展（1927—1931）、日渐衰落（1932—1949）、重获新生（1950—1978）、整顿与市场化改革（1979年以后）等历史时期的划分[1]，介绍都锦生织锦在每个历史时期的文化、社会背景和技术发展，描述都锦生织锦在不同时代的曲折发展历程，阐释都锦生织锦作为一种丝绸工业和极具特色的文化代表的内在含义，从而勾勒出一部完整的都锦生织锦史。

在此基础上，用文化社会学的视角解读都锦生织锦的发展历史，探讨文化与社会结构之间的关系。都锦生织锦从一种实物发展成为一种文化符号，进而形成共享的社会价值观念，这表现出一种文化的延续和运作的内在机理。因而，都锦生织锦的生产者和消费者以"品味"而不是简简单单地以成本—收益的经济理性计算来设计和选择丝绸产品。这种通过文化特征或文化取向来反映某一地区某一时期社会结构和社会生活的现象，表现出丝绸文化具有社会分层功能的特性。

研究中所运用的方法包括：历史文献研究法。由于研究对象涉及年限近一个世纪，经历多个时代的变迁，需要深入研究历史资料。这些资料包括中国丝绸年鉴，浙江省丝绸志，杭州丝绸志，民国浙江史料辑刊，中国资本主义工商业的社会主义改造（浙江卷），杭州市档案馆中有关都锦生丝织厂的档案，都锦生丝织厂博物馆的相关资料，若干都锦生丝织厂职工所保留的报纸、文章、非正式出版的刊物等辅助材料，以及都锦生丝织厂网站上的相关介绍文章。这些文献为本研究清楚地展现了不同时期都锦生织锦的发展和所处的社会背景。

访谈法。每个时期都锦生织锦对人们生活的影响以及人们对都锦生织锦的理解很多都没有文字的记载，这需要在文献资料的基础上，访问不同年龄段的人员，根据他们的回忆和讲述，来重现以前的历史和现在对织锦的理解。本研究采用半开放式的访谈提纲，在访问过程中根据被访者讲述的内容

[1]对于都锦生织锦五个时期具体年代的划分主要是参照都锦生丝织厂史，以及相关一些工作人员的口述回忆进行的，以便于内容的梳理、归纳和阐述。每个时期的这种年代划分可以前后稍微有所出入。

随时调整访谈方向。被访对象包括都锦生丝织厂的在职员工（包括返聘人员）、退休职工（包括内退人员）、离休人员、销售人员、购买者，等等，按年龄进行采样。

参与观察法。对都锦生丝织厂，特别是都锦生丝织厂博物馆、都锦生故居进行日常蹲点观察，身临其境地感受不同时期都锦生织锦的生产和相关人员的生活状况。除此之外，更重要的是对前去购买都锦生织锦、了解都锦生及其织锦历史的参观者进行观察，了解他们前去的原因，以便对其进行文化延续等方面的思量。

第二节　国内外研究现状

近年来，国内对于都锦生织锦方面的研究已陆续呈现，国外鲜有具有学术价值的专门研究成果。就国内有关都锦生织锦史的研究来看，主要集中在以下几个方面：

（1）从技术和艺术的角度介绍都锦生织锦。这方面主要有李超杰编著的《都锦生织锦》（2008）、何云菲论文《论都锦生织锦艺术的特点》（1999）、杭州师范大学刘克龙的硕士学位论文《东方艺术之花——都锦生织锦艺术探析》（2011）、阮荣春和胡光华合著的《中国近代美术史》（1997）、袁宣萍的论文《像景织锦的起源与流布》（2007）袁宣萍的著作《西湖织锦》（2005）以及袁宣萍与徐铮合作出版的《杭州像景》（2009），此外还有由中国社会科学出版社出版的《当代中国的工艺美术》（1984）等等。它们对都锦生织锦中的织造流程，织锦中的像景以及西湖织锦进行了特色的论述。

（2）从实业发展和管理经验总结的角度介绍都锦生丝织厂和都锦生织锦。这方面的代表作有中国人民政协文史资料研究委员会主编的《工商史料》（1980）、谢牧和吴永良合著的《中国老字号》（1988）、王翔著的《老商标的故事》（2004）、易干著的《飘摇的船：1900—1994年的中国民族工商业》（2004）、李冈原的论文《企业家的创新精神与文化积淀、世界视野——都锦生及其品牌的个案分析》（2005）和胡丹婷等人合写的论文《杭州丝绸美誉度调查报告》（2007）等等。

（3）从个人传记的角度通过追忆都锦生本人的一生来介绍都锦生织锦的创作和发展。这方面的代表作有葛许国论文《"锦绣西湖"都锦生》（2011）、王祥胜论文《都锦生：风景织锦巨匠》（2011）、寿充一等著的《近代中国工商人物志》（1996）、严如平编著的《民国人物传》（2002）、果鸿孝著的《中国著名爱国实业家》（1988）、吴广义和范新宇合著的《苦辣酸甜：中国著名民族资本家的路》（1988）以及李冈原的著书《东方丝王：都锦生》（2011）等。

（4）从地方史和行业史的角度介绍都锦生织锦。这方面的代表作有周峰编著的《民国时期杭州》（1992）、杭州地方志编纂委员会编著的《杭州市志》（1995）、浙江省政协文史资料委员会编著的《新编浙江百年大事记》（1990）、杭州年鉴编辑部编著的《杭州年鉴》（2007）、徐新吾编著的《近代江南丝织工业史》（1991）、中国近代纺织史编辑委员会编著的《中国近代纺织史》（1997）等。

（5）从其他角度介绍都锦生织锦，如：中国工会运动史料全书编辑委员会编著的《中国工会运动史料全书：纺织卷》（1998）、当代中国丛书编辑部编著的《当代中国的浙江》（1988）、中共浙江省委党史研究室和统战部编著的《中国资本主义工商业的社会主义改造：浙江卷》（1991）、中国大百科全书编辑部编著的《中国大百科全书》（第45卷）（1993），等等。

此外，也有极少数国外学者在研究丝绸史的时候提及都锦生织锦，如日本学者小野忍所著的《杭州的丝绸业》学术论文。显然国外学者在这方面的关注度和研究水平无法与国内学者相提并论。单就国内上述方面的研究而言，从不同的角度介绍和论述都锦生织锦的研究成果较多，但至今尚未有较高学术水准的完整的反映都锦生织锦诞生、发展和再创作的史学著作。与此同时，对于丝绸传统文化的研究，多集中于历史社会学的手段和方法，根据文献资料来进行文化研究，而从文化社会学的视角结合文化研究和社会学研究方法来探讨丝绸文化实践的很少，运用参与观察、深度访谈等方法对都锦生织锦进行实践研究几乎没有。

为此，本研究希望拓展以往研究的视角，实现一个解释视角的转型：从倚重技术、艺术或纯企业或个人发展史的观点向两者并重的观点转变，一方面探讨都锦生织锦的技艺工艺、特色；另一方面又在都锦生、都锦生丝织厂的发展本身去找寻深嵌其中的都锦生织锦的传统与历史的迹痕，通过都锦生织锦文化，展现其特有的意义、符号、语言，折射出杭州地域独特的文化和生活方式。

第三节　研究价值及创新

相对于其他织锦而言，都锦生织锦产生较晚，但它吸取了他织锦之长，又融合了历史、文化、民俗、宗教等多重因素，从而形成自己独特的风格，在我国织锦史中别具一格。因此，对都锦生织锦90年的发展史进行探讨，具有非常重要的研究价值：第一，都锦生织锦通过织物结构和织物组织的变化，寻求像景织锦、绘画织锦和实用织锦中技术的突破，以达到纹样画面的精美艺术表现力。将都锦生织锦史展现出来，就是一部清晰的织物技术发展史教材，可以了解织物技术如何从手工向机械、全自动和数码技术过渡。第二，都锦生织锦的题材多取自于西湖风景、杭州风景及本地文化，带有鲜明的时代特点。将都锦生织锦史呈现出来，能从一个侧面反映出杭州各个时期的文化和生活风貌。可以从都锦生织造的西湖风景中，领略苏堤春晓的花气袭人、花港观鱼的曲径通幽、平湖秋月的波光如绫、柳浪闻莺的深青浅绿等。从不同时代的西湖风景织锦中，了解西湖风貌的变化。从一些富有寓意的织锦中，了解杭州传统风俗和人民喜闻乐见的内容，揭示出都锦生织锦与本地文化和地域社会之间的内在联系，从而推动杭州地方史和地方文化的研究。第三，作为杭州自民国以来最重要的丝绸企业之一，都锦生丝织厂在生产都锦生织锦中经历了诞生、发展、衰落、再发展和转型等过程。将都锦生织锦史描述出来，可以在了解都锦生织锦生产和技术发展过程中，清晰地梳理出近代杭州民族工业的崛起过程，和新中国建立后老字号企业在政策不断变化中的沉浮，以及在新形势下企业寻求的突破。因此无论是对丝绸史的研究，对于技术史的探讨，还是对企业组织史的考察，都锦生织锦史都是一部活生生的教材。

就目前国内外的研究现状而言，首先，有关都锦生织锦发展史介绍的文献资料较多，但不少在年代、内容上都存在着一些出入，甚至是矛盾的地方。因此，本研究力图通过对文献资料的考证和现有研究成果的比较研究，纠正现有资料中与历史原貌不一致的内容，还原历史真相。其次，目前学术界对都锦生织锦的研究散落在丝绸史、技术史、工业史、人物传记等不同学科、不同背景领域之中，还没有专门叙述都锦生织锦史的学术著作问世。本研究试图在对有关历史资料和现有研究成果的收集、整理的基础上，梳理出一部独立、完整、系统的都锦生织锦史。再者，以往对都锦生织锦的研究多运用文献资料方法进行论证，而较少运用田野研究中的参与观察和访谈法，即便运用了深度访谈，也单独附页，而没有被用来直接论证都锦生织锦的某一方面。本研究在论述中结合这些资料，以便更生动而真实地把握历史的细微之处。最后，都锦生从一个人名，到成为一个厂名，最后特指一种工艺品，成为中国丝织像景织物的通称。这是一种身份的认同，从它被人习惯，到成为一种客观的事实。因此，本研究的视角和落脚点不是简单的史料堆砌和文化研究，而是以文化社会学的理论和实践为依托，通过"深描"都锦生织锦的历史，展现出都锦生织锦独特的工艺特色和高超技艺，从而勾勒出杭州丝绸历史文化发展的脉络。简言之，通过都锦生织锦这个符号现象，去解读每个不同时期杭州的社会结构和文化生活的变迁。

第一章 都锦生织锦产生的历史渊源

唐朝诗人温庭筠在《织锦词》中这样写道："簇簇金梭万缕红，鸳鸯艳锦初成匹。锦中百结皆同心，蕊乱云盘相间深。"[1]这描述的就是织锦在丝绸上运用不同的织物方法来表现不同的花纹。杭州自吴越国时期开始，无论是生产技术还是丝绸品种都在国内处于领先地位。而且不仅民间丝织业发达，官方在杭州也专门设立织染局，集中大批工匠织造高档的嵌金锦"纳石失"。民国八至十五年，浙江杭州更是在短期内完成了欧美丝织业近百年、日本丝织业近30年的近代化历程。[2]这些都为都锦生的像景织锦在近代的诞生和发展奠定了深厚的基础。

[1]唐·温庭筠，《织锦词》，卷575-2。

[2]徐铮、袁宣萍：《浙江丝绸文化史》，杭州出版社2008年版，第146页。

第一节 文化底蕴：官办与民间织造同行

据《十国春秋》记载，五代十国时期的吴越国，向中原王朝供奉的丝织品中，就已有了"绫、纱、锦、罗、绢"等品种。到了唐代，由于"江南两浙转输粟帛，府无虚月，朝廷赖焉"[3]，江浙一带逐渐发展成为南方丝绸业的中心和朝廷征收丝织物的重要地区。钱塘（杭州）清波门外的仙佬墩一带，"酒姥溪头桑袅袅……路逢邻妇遥相问，小小如今学养蚕"[4]。随着蚕织生产技术的提高，开元以后，不但生产绯绫、白编绫、纹绫等贡品，而且生产精妙无双的柿蒂花纹绫。到南宋时，杭州开始出现结罗、博生罗、暗花罗、金蝉罗等细分，其中结罗分花、素两种，也就是后来"杭罗"的雏形。

[3]《旧唐诗》129卷《韩滉传》。

[4]施肩吾：《春日钱塘杂兴》，《全唐诗》卷494。

明代初期，朱元璋的经济政策中规定，"有田五亩至十亩的农民，各种桑麻棉半亩，有四十亩以上的要加倍"[5]。之所以硬性规定栽桑，完全是为了征收丝帛。这对于不产丝绸的地区显然是个负担，但却大力促进了江南和四川一带的丝绸生产。明代中期，试行赋税改革以摆脱困境，其中最

[5]刘伯茂、罗瑞林编著：《中国丝绸史话》，纺织工业出版社1986年版，第133页。

主要的"一条鞭法",即"赋役征银",以银钱代替徭役和部分实物税。这种税法给北方人民带来了很多痛苦,农民为了取得货币付税,不得不贱价出卖粮食,或受高利贷的盘剥。在江南这种税法却大受欢迎,因为江南缴纳的货币,除卖粮所得外,还主要来自卖丝绸的收入。

桑蚕传统及政策的变相鼓励,使得杭州自明代以来一直存在民间织造绢帛和官办织绫业务。清朝延续了这种传统,在杭州、苏州、江宁专门设立了江南三局,以生产官用丝织(表1-1)。由于清代废除了明代匠户制度,采取雇募工匠制。这类工匠雇募到局应差后,如不被革除,不仅终身从业,并且子孙世袭。织造局还招收工匠的子侄为幼匠学艺,然后升正匠,即所谓长成工。此外,织局还用"承值应差"和"领机给帖"等方式,占用民间丝经整染织业各行手工业工匠的劳动,作为使用雇募工匠的补充形式。这样,民间大批机户机匠隶属于织局,他们从官局领取原料和工银,雇工进局使用官机织挽,以保证官局织造任务的顺利完成。同时,他们又大多自有织机,故具有"官匠"和"民户"的双重身份。为此,参与的工匠逐年递增,从1725年到1745年,杭州局的机工就整整增加了4倍多。到清末民初时,杭州市的机户数已经达到了2177户,织机数为4275台,全年织匹数额达到197585匹。[1]

[1]朱新予主编:《浙江丝绸史》,浙江人民出版社1985年版,第146页。

表1-1 清代前期江南三局额设织机比较表

局名	顺治年间		雍正三年(1725)		乾隆十年(1745)		
	缎机	部机	缎机	部机	织机	机匠	当时现存工匠
江宁局	335	230	365	192	600	1780	摇纺染匠所管高手等777名
苏州局	420	380	378	332	663	1932	挑花拣锈所管高手243名
杭州局	385	385	379	371	600	1800	摇纺染匠挑花所管高手530名

资料来源:参考朱新予主编《浙江丝绸史》,浙江人民出版社1985年版,第100页。

此外,造成民间大量散户存在的一个重要的因素是,丝织业和蚕丝业不同,它对机械化生产的要求不及蚕丝业那么迫切,所以,家庭作坊式的只有一台手拉机就能进行织造生产。再加上当时西方列强采取了"引丝扼绸"[2]的政策,丝织业的近代化步伐相对缓慢。因此清朝后期杭州丝织业民间经营形式主要为:(1)绸庄兼营机坊。绸庄设有一切织造机具,直接雇工来织造;(2)独立自营。自备织机和原料,小型经营;(3)放料代织。一种情况是自备织机一两台到七八台,由绸庄放料代织,还有一种是由绸庄将织机租给机坊,再行放料代织。这些方式一直到1912年杭州观成堂绸业董事金溶仲购买了10台日本式提花机,建立振新绸厂,设计生产绮霞缎,才掀起了兴办机械丝织厂,用更先进的铁机代替木机的热潮。这成为杭州近代丝织业的开端。

近代杭州争奇好艳的社会风尚与审美风潮,也为杭州的丝织业带来了巨大的商机。据1932年出版的《杭州市经济调查》考察:"杭市原为丝

[2]所谓"引丝扼绸"政策是指随着对华侵略的深入和本国丝织业的迅速发展,西方国家对中国土特产品的吸收重点逐渐由绸缎转向生丝,一方面掠夺蚕茧生丝原料,另一方面扼杀丝绸织造行业。

绸出产之地，殷富之家，服用本爱华丽。加以近来各地游客来杭者大多奇装异服，争妍斗艳，本好华饰之杭市男女耳濡目染，乃起而效之。且又与上海接壤，举凡奇服时装，朝见于沪上者，夕即相示于湖滨。丝绸服用者亦无不推陈出新，争相夸耀，故每年服用所费，为数颇巨，即简单中等家庭，亦非一二百元不足应付。"[1]这也就使得官办织造和民办织造大量存在，鼎盛不衰。

第二节　技术认知：手工向机械过渡

传统织物需要把经丝一上一下均分成两部分，然后传入两片综。它的提花原理是将图案信息全部编制在线制的花本中。织造时，"提起其中一片综，穿入该片综上的所有经丝，形成一个梭口；织入一根纬丝，提起另一片综时，再织入一根纬丝"[2]，从而将全部的图案信息转移到织物上去。因此，提花丝织品很费时费工，需要人工挽花结本，织造时还需要两人配合完成。每织入一根纬丝，哪些经丝该提起，哪些经丝不提起，都要预先设计好，并用特制的装置控制每一根经丝的运动。如此一来，所织的花样不能太大、太复杂，否则难度更大，耗时更久，想要织出风景织锦更是难上加难。

随着19世纪产业革命的到来，英国的纺织工业逐步实现了半机械化和机械化。其中很重要的一个改革就是法国人约瑟夫·贾卡以他名字命名的贾卡织机的出现，使得整个提花过程实现了机械化控制——由踏板控制提花开口。这种机械可以放在任何能支撑它的织机上面。在清末民初的时候，经过日本改进的提花织机运来江浙一带，上面就装有贾卡式提花装置，俗称"龙头"。当时从日本进口的这种织机，由于部分构件是铁制的，通过用手拉绳来使梭口上下运动，因此在苏州一带被称为"铁机"，在杭州则被称为"拉机"或"洋机"（图1-1）。

图1-1　手拉提花织机
都锦生故居博物馆陈列

贾卡织机的原理是将经线提起的信息，转化为纹版上的一个个孔洞，与此相配套的是一套纹针系统，纹针下吊着综丝，综丝与经线相连。织机采用一种凸轮滚筒装置，每转一回，纹针就与纹版相贴合，纹针穿过洞孔，提起下面吊着的综丝，综丝再把与它相连的经线提起来，形成一个梭口，纬线织入。周而复始，花样就织出来了。"看似简单的冲孔纹版技术，将原来的人工提拉过程机械化，实现了提花信息的人工储存和记忆。"[3]

[1]建设委员会调查浙江经济所编：《杭州市经济调查》，民国浙江史研究中心、杭州师范大学选编：《民国浙江史料辑刊第一辑》第6册，建设委员会调查浙江经济所编印，1932年版，第613页。

[2]袁宣萍：《西湖织锦》，杭州出版社2005年版，第2页。

[3]袁宣萍：《西湖织锦》，杭州出版社2005年版，第24页。

[1] 王芸轩:《嘉氏提花机及综线传吊法》,商务印书馆1951年版,第2页。

[2] 朱新予主编:《浙江丝绸史》,浙江人民出版社1985年版,第183-184页。

[3] 袁宣萍:《西湖织锦》,杭州出版社2005年版,第30页。

[4] 徐铮、袁宣萍:《杭州丝绸史》,社会科学文献出版社2011年版,第130页。

[5] 许炳堃:《浙江省立中等工业学堂创办经过及其影响》,中国人民政治协商会议浙江省委员会文史资料研究委员会等编:《浙江文史资料选辑》第1辑,浙江人民出版社1962年版,第123页。

[6] 李冈原:《东方丝王都锦生》,天津人民出版社2011年版,第44页。

贾卡织机的运用,大大简化了提花工艺,减少了劳动用工,降低了成本,"制成之花纹,可以精细缜密而无粗疏之病;工巧如伟人像片,风景摄影,以及名家之书法丹青,均易表现于织物之上"[1]。这为都锦生的像景织物的诞生和发展提供了技术的可能。"到1920年,杭州的丝织木机已由民国初期的5000余台减少到1800台,而提花机(贾卡提花装置的)则增加到3800多台。"[2]织机的改进,使人们更多地开始关注提花的花式本身,专业扎制花版的纹工也开始被大量需要。1924年印行的《武林新市肆咏百首》这样描述当时的盛况:"机轴纷纭只手提,新翻花本妙端倪,洛阳纸贵千金值,针刺成纹法泰西。"因此,有学者提出:"以织机变革为主线的杭州近代丝织业,是都锦生创业的技术基础。"[3]

第三节　教育救国:专业学堂的建立

教育救国是近代中国民族危机和民族意识觉醒的产物。洋务运动时期,以王韬、郑观应等人为代表的早期维新派就主张学习和引进西方先进的文化和教育制度。创建于1897年的蚕学馆作为中国近代丝绸教育的起点,主要传授学生"除蚕病、精求饲育,兼讲植桑、缫丝"[4]。随着蚕丝教育的发展,传统丝织业的日益衰落,1910年,浙江巡抚增韫上书朝廷,"奏省城设立中等工业学堂",培养专门人才,以振兴杭州的丝绸染织工业。

同年,杭州创办了浙江省立中等工业学堂,这是浙江最早创办的一所官办的公立学校,辛亥革命后(1914年)更名为浙江甲种工业学校。学校的办学理念是"实业救国",培养方针为"养成手脑并用的中等技术人员,和改进工头制的管理方式"[5]。因此,学校专门聘请日本教员,引进日本的拉机,所设的学习科目较为齐全,包括机械、染色和机织三科,有金工、木工、铸工、锻工、原动、手织、力织、准备、图案、意匠、练染、印花等科目,并附设浙江省立中等工业教员养成所,分金工、木工、机织、染色四班,其教学理念比较先进,学习当时的提花机生产。由于这些课目的设计能满足当时杭州丝织业的需求,故1912年浙江省民政部专门拨款委托浙江中等工业学堂举办机织传习所,为各厂培养技术人员,让他们学习日本式仿法织绸机的生产。这种短期的专业培训,为各厂先后培养了2000余人。为了能给学校附设的机织传习所结业学徒安排就业,浙江省立中等工业学堂染织科主任朱谋先与校长许炳堃商议发起筹办丝织厂。他们筹资2万元,购买日本提花手织机10台,组织成立了纬成丝织公司,这也成为我国丝织业改用手拉机的第一家。[6]机械科的一些毕业生则在杭州创建的几所前所未有的铁工厂仿制提花机及各种机械配件,为丝织的机器生产、维修提供国产零件。

通过工业学校规范的预科和本科的学习,共培养工业技术人员一千多人，其中"'工专'八十九人，'甲工'、'高工'约千人，'艺徒'、'初工'数百人"[1]。这些学生中包括著名的文学家、社会活动家夏衍，画家、敦煌艺术研究者常书鸿。据宋永基[2]回忆，常书鸿曾把法国产的高级全铁电力机引回国内，赠送与都锦生。当然都锦生织锦的创立者都锦生也受到了学校严苛的系统教育。据他求学时期的校长许炳垫在《浙江省立中等工业学堂创办经过及其影响》中曾回忆道："丝织物图案意匠等的进步，多赖杭工毕业生，丝织风景、照相、美术图画等，始于工校，成于都锦生。"[3]

第四节　丝绸贸易：行会组织的演变

杭州丝绸业的发展，需要一个组织进行贸易的洽谈、交流和管理，这催生了丝绸行会组织的出现。由于杭州的丝织机匠们崇拜机神[4]，因此，在城内建有机神庙，每逢春秋两季，用三牲五畜进行祭祀，宣读祭文，三跪九叩。机匠若招收徒工，也在这里行拜机神、拜师的仪式。平时机神庙由专人管理，供应茶水，作为机匠和机坊主交流行情、做买卖、磋商技艺的聚会场所。这成为杭州丝绸行会组织的雏形[5]，随后自发形成了观成堂、大经堂、云锦堂三大民间丝绸业同业公会组织。

观成堂完全由绸商（后来全部是绸厂）组成；大经堂由下城机户组成；而云锦堂则由郊区机坊、机户组成，并下分新塘处、尧典桥处和闸弄口处。其中，观成堂于明嘉靖二十二年(1543年)在忠清巷内成立，1817年改名为绸业会馆，光绪三十年(1904年)重建于今银洞桥保信巷(原丁丙[6]的住宅)，作为绸商集会议事、认办绸捐、向会员摊派费用、调解纠纷、祭神、宴会的场所。南北丝绸业商贾也多在此商议业务、交流行情、集散丝绸和切磋技艺。绸业会馆的发起者宋锡九[7]即都锦生的叔岳。

作为丝绸、木材、茶叶、药材、南北货业"五大会馆"之首的绸业会馆严格规定了入会资格：

> 凡经营丝绸业或与丝绸业有关的业主，有产(直接经营丝绸厂或放料机等)、销(客帮商路)基础，具备有相当资金和能与金融界取得联系，并愿缴纳会费等费用者，方有入会资格。对于入会手续，规定凡申请入会者须经董事认可，并查询其资金及生产经营性质、业务方式等，待有3名申请者方可办理入会手续。入会时须先缴纳500元，其中会费200元，捐于善举100元，学校经费100元，祭神庆贺等杂费100元，这样，才得以在观成堂二厅挂上会员招牌一块。[8]

[5]明朝中叶，杭州涌金门设立杭州染织局，因大门油漆朱红，俗称"红门局"。上城机坊为了接货、买卖方便，又在附近建造机神庙。后来艮山门外的机坊主因进城交通不便，又在艮山门闸弄口建立机神庙。为了区别起见，涌金门机神庙称为上机神庙，东园巷机神庙称为中机神庙，闸弄口机神庙称为下机神庙。中机神庙建庙早，最受机匠尊重。清乾隆下江南时，多次到杭州，曾亲身察看红门局织工织绸技艺，谕饬浙江巡抚每年奏报浙江蚕收、丝织情况。当时浙江巡抚等官员为求祛蚕丝绸业兴隆，重修东园巷机神庙，并立先蚕殿、碑，遗迹至今尚存(在今东园巷小学内)。上机神庙地处市中心，附近茶坊酒肆林立，作为全市机坊主的交易中心，最为热闹。

[1]许炳垫：《浙江省立中等工业学堂创办经过及其影响》，中国人民政治协商会议浙江省委员会文史资料研究委员会等编：《浙江文史资料选辑》第1辑，浙江人民出版社1962年版，第123页。

[2]宋永基是都锦生夫人的弟弟，字久之，1911年生于杭州，1933年宁波高级商科职业学校毕业后，进都锦生丝织厂服务，担任会计稽查工作，并对会计制度加以整理，借以观察全厂的生产及业务情况；每年为其编制决算。在1943年都锦生世以后，接管了都锦生丝织厂的经营管理。

[3]许炳垫：《浙江省立中等工业学堂创办经过及其影响》，中国人民政治协商会议浙江省委员会文史资料研究委员会等编：《浙江文史资料选辑》第1辑，浙江人民出版社1962年版，第123页。

[4]传说机神是轩辕黄帝，养蚕织帛是他的妻子嫘祖西陵氏发明的。

[6]注：丁丙，丁日升绸庄主，因其为杭州知府的门生，曾在杭州赈济局供职，符合绸业会馆董事任职要求，因此曾就任官董一职。

[7]注：宋锡九，都锦生夫人的叔叔，后来借钱给都锦生创办都锦生丝织厂。

[8]程长松主编：《杭州丝绸志》，浙江科学技术出版社1999年版，第406页。

当时，很多大的绸庄老板情愿交钱加入会馆，因为在这里，他们能获得生意上的第一手信息，还能提高声誉及其社会地位。杭州文史研究会会员丁云川曾回忆说：

> 那时我的曾祖父也做丝绸生意，他经常和丁立中他们在这里谈事情。每天早晨，他们（丝绸老板）坐在主厅里，谈谈最近哪里丝绸销量好，哪里的价格卖得贵，哪里需要什么样的丝绸产品。

作为杭州丝绸业的同业组织，以"谋划丝织工业之改良发展、增进同业之公共利益"为宗旨[1]，制定同业规则，规范同业行为，以促进同业生产与经营。同业公会对行业内兴办的主要事项为：（1）协议价格，认可绸绢。"同业各货划定售价，必须一律每月规定十四日及月终召集本组委员会评议两次，按照市价涨落以定增减，不得私自扰乱其评议结果"，"会员承接顾客定货如遇货价涨落，双方均须遵照定单履行，不得违约"[2]。这种按照市场运行规律和民主化程序来订立售价的做法，消除了同行之间恶性的竞争和相互倾轧。（2）调解同业之间的纠纷。同业之间如冒充字牌、抢夺客户、图赖定货、掺假掺杂、抬价滥价，以及绸庄与丝织业、丝织业与练染业之间的业务纷争，进行调解。（3）协助解决同业原料供给。为解除绸织业生丝原料恐慌的问题，杭州绸业公会联合成立了以自收、自缫、自用为原则的原料生产合作社，务使原料与制品之供求保持平衡。（4）承担了会员企业整批绸货运输的任务和国外市场的开拓。早期与锡箔业、线业共同在宝善桥仓河设立装船埠头，自备庄船20艘，官府发照免服差徭。后来购进高广裕锡箔坊坊址以及仓河边凉亭加以扩建，成为丝绸业专用装船埠头。为开拓国际贸易，公会集中同业力量，组织产销联营。抗战前年均输出超过1600公担，常居出口量第3位。特别是公会组织参加的国内外有关丝绸展览的活动，如1910年的"南洋劝业会"展览、1915年巴拿马的"万国博览会"以及1923年在美国纽约举行的第二届国际丝绸博览会，这些都为后来1929年召开的"西湖博览会"打下了很好的基础。

杭州丝绸同业公会组织从自发形成，到成为行业的重要部门，它的演变，不仅仅是名称上的简单更易，从会馆到公所再到同业公会，而是反映了杭州丝绸业同业组织逐步走向近代化这一历史发展的必然轨迹。它不仅具有相对的独立性，而且在丝绸业务中具有很高的权威性和专业性，同时也负责同业工厂的供给、销售的业务。

[1]杭州市档案馆编：《杭州市丝绸业同业公会档案史料选编》，1996年版，第70页。

[2]陶水木、林素萍：《民国时期杭州丝绸业同业公会的近代化》，《民国档案》2007年第4期。

第二章　都锦生织锦的尝试和初试成功
（1921—1926）

正当欧洲的织锦画衰落之时，中国的织锦画却开始兴起。在杭州这个传统的丝绸之地，在教育救国热潮的引导下，在西方先进技艺的影响下，一系列的民族工业丝织厂犹如雨后春笋般渐增。继纬成公司后，袁震和绸厂、天章绸厂、虎林丝织公司等纷纷成立。据统计，到1920年，杭州市已有绸厂51家[1]。社会的变化和时代的潮流，使得都锦生织锦的创立者都锦生先生深有感悟，希望在织锦的民族实业中有所创新和突破。

[1]杭州市档案馆编：《杭州丝绸业同业公会档案史料选编》，1996年版，第31页。

第一节　织锦的传世人：都锦生先生及他的创新

都锦生，号鲁滨（图2-1），1898年正月出生于杭州茅家埠。从他祖父起就世代居住在杭州西湖边的茅家埠（图2-2）。都锦生的父亲是国民党的旧军官，家里拥有18亩田地。在茅家埠这个小地方，算是比较富裕的。[2]

[2]宋永基：《都锦生丝织厂的回忆》，政协浙江省文史资料研究委员会编：《浙江文史资料选辑》第10辑，浙江人民出版社1978年版，第130页。

图2-1　都锦生

图2-2　都锦生故居博物馆(茅家埠)

都锦生在年青时代就非常"喜欢游山玩水，爱好自然风光。或垂钓于

[1] 宋永基：《都锦生丝织厂的回忆》，政协浙江省文史资料研究委员会编：《浙江文史资料选辑》第10辑，浙江人民出版社1978年版，第130页。

[2] 都恒云是都锦生先生8个子女中的老六。

[3] 李超杰编著：《都锦生织锦》，东华大学出版社2008年版，第5页。

[4]《杭州丝绸志》提及，当时杭州著名的绸厂——袁震和丝织厂曾在1917年织过以"平湖秋月"为题材的西湖风景像景，并有传世品为证。但由于该风景像景无织造年月标志，很难断定其年份，故常以都锦生1921年试织成功的丝织像景织物为年份标志。对谁先首创丝织风景的两种说法，在袁宣萍2005年出版的《西湖织锦》中有详细的讨论。虽然对于首创的先后时间次序无法下一个明确的结论，但"可以肯定的是，两者不存在承袭关系"。

[5] 果鸿孝：《中国著名爱国实业家》，人民出版社1988年版，第282页。

湖畔，或狩猎于山间，或泛舟于湖上。美丽的西湖景色，使他百看不厌，百游不畅"[1]。他的孩子都恒云[2]追忆，父亲面对家乡美丽的西子湖时，常常就想着怎么能把西湖十景织成一幅幅丝绸风景，让人们欣赏留念，按他本人的话来说，就是"以土产而制就地风景，不亦宜乎"[3]。

1914年都锦生进入浙江甲种工业学校机织科，学习从设计到织造的全套新式丝织工艺，主攻绸缎意匠图设计。毕业以后，都锦生执教于乙种工业学校，担任纹制工场管理员兼图案画老师，同时还受聘于杭州奎元巷女子职业学校，担任图画老师一职。作为对他学习工作的肯定，父亲特地从上海购买了十分稀罕的照相机赠送于他。都锦生在工作之余跑遍了杭州的山山水水，用照相机记录下每一个画面。当时在学校里所学的是将花纹设计在绸缎上，而以自然风景，尤其是流动的波光、云彩、山水就很难用长短的图案花纹来表现了。为此，都锦生想把风景也织到绸缎上去。在他看来，用丝织成绸缎和织成风景人物的原理是一样的。因此，他摒弃了传统的绸缎意匠画法，尝试根据照片的效果与特点，改变画法，用八枚缎的点子，33种不同的组织画法，在意匠图上的小方格子里，以不同类型的点子来表现风景的层次、远近、阴面和阳面，从而达到织物与照片的图案相一致。这样反复试画和不断改进，经过大约6个月的努力，都锦生终于画成了一张较为正确的意匠图。随后，又成功地将意匠图展现在了轧花版上，从原来只需要几十张花版精细到几百张花版。经过无数挫折，1921年3月，都锦生在学校的实习工场里成功地织出了一幅长7英寸宽5英寸的丝绸风景"九溪十八涧"（图2-3）[4]。这张像景织锦丝织风景画上，描述的景物虽多，但是层次分明，形象生动，细腻逼真，极富立体感，开创了中国丝织像景织物的新方向。

图2-3 《九溪十八涧》黑白风景织锦
（都锦生织锦博物馆陈列）

初战告捷，坚定了都锦生"以生产丝织风景来兴办实业、振兴国家的想法"[5]。他辞去教习，决定自己办厂。为此，他向叔岳"宋源春绸庄"的老板宋锡九借了一笔钱，购置了一台手拉机，请来了第一位手拉机师傅林传莲，雇了一位工人章子龙进行风景丝织画的生产。在此期间，他自己又完成了五幅西湖十景的意匠图及花版的制作：《雷峰夕照》、《南屏晚钟》、《三潭印月》、《平湖秋月》及《苏提春晓》。1922年5月，都锦生和夫人宋剑虹选定了十五这个大吉之日，将"都锦生丝织厂"的招牌在茅家埠的都家门口挂起来，高悬丝绸风景样品，"ＴＣＳ"牌的都锦生丝织品正式投入生产和销售。为方便生产，他又聘请了甲种工业学校毕业的高材生胡帮汉等人，搞设计和绘图意匠图，又添设了轧花机和轧花工。

在女儿都恒如[1]眼里，父亲（都锦生）是个威严的工作狂人（图2-4）。她回忆说：

> 父亲一出国就会买很多样品回来自己研究。很多新品，国内首创的技术，都是父亲亲手研发的。……每到过年，几乎每个银行都会给父亲寄请帖，让他去存钱，但他（父亲）却拿不出钱，因为一有钱，他就去开分店了，最后一共开了10家分店。……当时像我们这样的家庭，别人都以为我过着大小姐生活，其实父亲所有赚来的钱都用来投入实业，家用补贴都很少，更别说孩子的零花钱了。那时候我用手帕做花篮，花篮里放鸡蛋放祝福，然后拿到分店里当摆设，这样才挣到一些零花钱。[2]

都锦生在南京看到云锦台毯、坐垫，很感兴趣，就买了一些回来与设计人员详加研究；东渡日本考察时，看到许多妇女手中精致的伞后，回国就与工人们一起研究如何生产出色彩艳丽、晴雨两用的西湖绸伞。

图2-4　都锦生工作时的状态
（都锦生故居博物馆陈列）

都锦生不但自己掌握和开发产品，还非常注意对员工进行教育和培训。在工厂规模扩大以后，他大力兴办职工夜校，让职工学习丝织技术，以提高自身的素质。费用由工厂支出，并有一部分补贴，以至"进厂就读书，白天工作，晚上（上夜校）读书成为都锦生丝织厂的特色"[3]。倪好然（1926年进厂）就是当时招收的实习生，后来成为著名的人像绘画专家。他所画的人像，眼神须发精细非常，面部神态惟妙惟肖。为了仿制法国的棉丝风景画，都锦生还高薪聘请了曾留学日本专攻丝织的莫济之，产品经线选用五种颜色，用双龙头织机织成，经纬线同时起花，织造难度相当大。后随着莫济之的离职，该产品失传。都锦生在1936年回母校演讲时，充分地表示了自己对教育的感悟：

> ……夷考一国之兴盛，非少数人，可得为力，然若人虽众多，而无知识无教育，则亦无所用之。余前年一至菲律宾，其人士四十年前犹如非洲土人之蒙昧，乃近三四十年以来，菲人已迥异畴昔，以其受美国教育之熏陶，即引车贩浆之徒，亦多为大学毕业学生充之……日本地虽小，而出产颇丰，蚕丝逾中国十倍。中国江浙川粤，皆饶丝产，何以望尘莫及？斯可为研究之问题。端在科学万能之力，而国民教育之功，尤不可或没。人人既有只是，则组织研究之业，乃优为之。……[4]

[1]都恒如是都锦生先生8个子女中的老大，目前定居台湾。

[2]访谈素材来自于《钱江晚报》记者张妍婷2009年6月2日对都恒如女士的采访。

[3]李冈原：《东方丝王都锦生》，天津人民出版社2011年版，第25页。

[4]摘自都锦生在1936年11月2日所作的《日本考察后之感想及个人事业梗概》，《国立浙江大学日刊》，1936年11月3日。

都锦生的事业在日本帝国主义发动侵华战争后遇到严重挫折，艮山门的厂房被烧毁，产品销路受阻。1937年12月杭州沦陷后，日寇进城到处寻找都锦生，希望他出任伪杭州市政府科长的职务。为了反抗日军逼迫，都锦生避入天竺寺内。后决定全家迁居上海，远而避之。1939年，日寇因在国际市场上无法与都锦生织锦相竞争，而都锦生本人又不愿为日寇效劳，于是就以一枚燃烧弹，将其在艮山门的厂房和新式机器烧得一干二净。接连的打击使都锦生倍感无力，他提出将工厂关闭。然而，这个抉择遭到了工人们的坚决反对。都锦生大为触动，决定不惜一切地坚持下去。1943年都锦生在忧愤中离世。由于子女均年幼，夫人宋剑虹迫于生活重担，让其弟弟宋永基接管工厂，靠着生产织锦缎衣料和领带缎勉强度日。都锦生没有培养一个子女做他的接班人，几乎所有的子女都进入了教育行业，因为他希望子女们都能够"教育报国"。

都锦生丝织实业有限公司人力资源部工作的徐翀主任在接受访谈时曾提到：都锦生（先生）可以用四点来概括的：一是敢于创新，包括洋为中用；二是爱国；三是市场观念强烈；四是笃信"教育救国"，子女几乎都从事教育工作[1]。都锦生的名字似乎就是一种宿命，这个为织锦而生的人，"都锦生"三字将永远与织锦相伴。都锦生1931年所撰写的《创业经过》，短短五百多字，述说了其客观而绚烂的一生：

本厂创办于民国十一年，当时鄙人任工校及女织机织科教授。世居西湖之茅家埠，性喜风景，湖光山色，徘徊不倦，乃本心之所好。从事研究锦绣湖山之胜，进求乃夺天工之术，吾浙天产蚕丝，远胜他省，以土产而制就地风景，不亦宜乎。初试于杭州工校，成绩斐然，乃设厂于杭之艮山门，拓地数十亩，运输极便利，并聘请学识丰富之技师，以资相助。迄今九载，计发明大小风景二三百种，均本科学化艺术思想而作，非其它织品所可比拟。其质地细密，光泽不变，与影片无分轩轾。行销以来，全国风行，信誉卓著，有口皆碑。运及东西各国，南阳各埠，莫不视为作高尚之礼品。乃先后设发行所于杭州、上海、广州、汉口各埠，以广招徕，营业蒸蒸日上。但本厂为提倡国货，挽回利权起见，精益求精，因感于顾客之需求五彩丝织风景，两次赴日本考察，以所心得，勤加研究，始克成功。云霞灿烂，龙飞凤舞，五光十色，鲜丽夺目，几不类其为丝织品矣！他若古今名人之花鸟虫鱼，以及风景人物，均能一一显于锦缎之上，神态逼真；而湖南之湘绣，苏州之顾绣，不能专美于前矣，故定名为五彩锦绣。犹有胜者，价廉物美，所费唔多，可得古今名人真迹。年来又增置法国最新式之织机，添制西装丝绸衬衫、美术领带，以及翻领运动内衣，均为实用必需品，其品质精良，与舶来品无稍差异，倘蒙热心提倡国货诸君进而教之，曷胜荣幸。

杭州都锦生谨启[2]

[1]傅拥军、耿清华：《都锦生故居的前生今世》，《都市快报》2003年6月6日。

[2]杭州都锦生丝织厂：《杭州都锦生丝织厂美术样本》前言，1930年版，浙江图书馆藏。

第二节　都锦生织锦的独特技术

近代丝织业在当时浙江的发展已经比较完备，但用丝线织成风景和人物图案的工艺还是一片空白。一直以来，传统织锦的纹样都是由手工或写生或写意直接绘画而成。纹样的结构变化相对较为简单，多为平纹、斜纹或五枚缎纹组织。以西湖十景为题材的织锦古已有之，据清厉鹗《东城杂记》卷记载，杭州东城一带善织绫锦，其花样就有《西湖十景全图》，那么都锦生的丝织风景织锦有何独特之处呢？用一位外国参观者的话来说，"它与电视图像的构成原理十分相似，电视是以六百多根扫描线来显示图像，织锦则以数以万计的五色缤纷、变化无穷的纬线当作'扫描线'织成图像"[1]，说起来简单，实际上非常不容易。

一、织锦的织物结构和织物组织

由于黑白像景织物主要依靠阴影组织来勾画风景的立体形象，因此织物的组织结构变得尤为重要。所谓织物结构是指几组经线和几组纬线之间的关系。在织锦品种中，常用的组织结构有1经1纬、1经2纬、1经3纬和2经1纬、2经2纬、2经3纬及2经多纬的织物结构。都锦生织锦采用2经多纬的织物结构，纬数多时可达15种以上。经线和纬线相互之间的交织方法则是织物组织，也就是提花织物表现物体的具体方法。以往的织锦多利用织物组织生成的块面来表现物体，而都锦生发明的影光组织法则是"采用缎纹组织由经面缎纹逐步过渡到纬面缎纹所产生的阴影过渡、立体表现物体"[2]的层次、远近、阴面和阳面。

具体来说，都锦生黑白像景的织物结构是由一组白色的经线和甲乙两组纬线交织而成，属于1经2纬的织物结构。白色经线和白色纬线构成经重平的地组织，而另一组黑色纬线则在地组织上利用缎纹变化来表现花纹，构成花组织。都锦生织锦的影光组织法正是在地组织的基础上，变化花组织来表现像景的层次。花组织的变化主要有圆点缎纹影光组织法（图2-5）、半点缎纹影光组织（图2-6）以及圆点缎纹影光组织和半点缎纹影

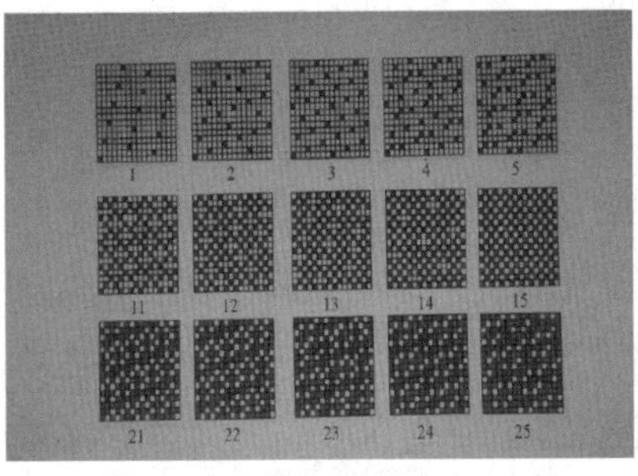

[1]倪好善：《都锦生织锦艺术有传人》，政协浙江省文史资料研究委员会编：《浙江文史资料选辑》第47辑，浙江人民出版社1992年版，第152页。

[2]李超杰编著：《都锦生织锦》，东华大学出版社2008年版，第48页。

图2-5　圆点缎纹影光组织法 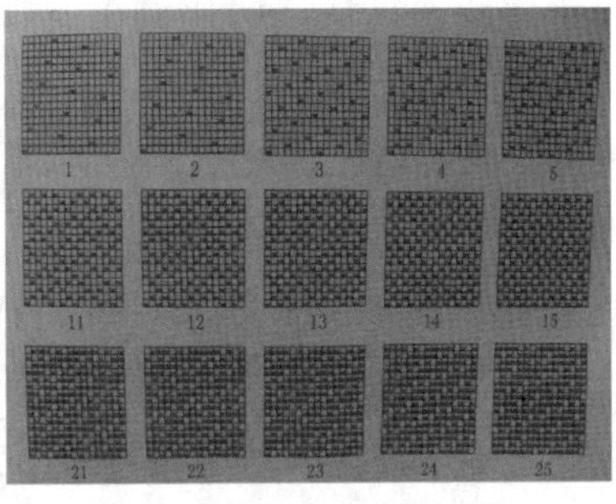　　图2-6　半点缎纹影光组织

光组织的参合使用（图2-7）。

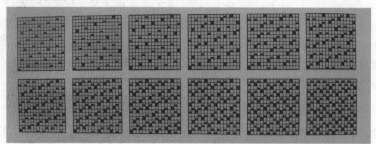

图2-7 圆点缎纹影光组织和半点缎纹影光组织的参合使用
注：图片来自于李超杰编著《都锦生织锦》，东华大学出版社2008年版，第56-58页。

其中，半点缎纹影光组织是黑色纬线和白色纬线同时显示在织物表面时所产生的混合色调（灰色）。通常，为了弥补圆点缎纹影光组织的过渡生硬不均时，采用半点缎纹影光组织，以达到图像层次过渡均匀柔和的效果。因此，半点缎纹影光组织很少单独使用，主要用于表现人物面部的阴暗交接线，秋高气爽的天空等，面积也不宜过大。[1]

二、织锦的意匠绘图

在像景织物的生产工艺中，成品的好坏，意匠图的绘制是一个决定性因素。由于织物组织中，除了地组织是简单的平纹可以空白不点外，其他的纹样组织点都需要全部点出，因此绘制意匠图的第一步，选照片很重要，不是随便拿来即可使用。选得好，则事半功倍；选得不好，效果则大为逊色，甚至前功尽弃。一般来讲，用黑白照片的稿子来设计黑白像景织锦画，能够取得较好的效果，用彩色照片来设计黑白像景织锦画，或者用彩色照片翻拍成的黑白照片的稿子来设计像景织锦画，其效果相对比较差。为了使织物的画面整齐美观，要先除去照片上的杂景杂物或者添加一些美观的装饰品；接着，为了增强图案的表现效果，对一些光线太强、灰暗、淡白或者景物模糊的照片，适当提高或降低景物的明暗度，来增强它的层次感，使景物给人一种光亮、清晰、调和的感觉。在完成照片处理后，就进入正式的意匠绘制阶段。

意匠纸是具有纵横小格子的特定绘画纸，其纵格子表示经线，横格子表示纬线。纵横格的比例由织物的经、纬密度的比来界定。一般而言，"倘若画面（底）稿表现得复杂、画工细微，则使用的纬线密度就大，选择意匠纸规格比例就小；倘若画面（底）稿表现得简练、画工粗略，则使用的纬线密度可小些，选择意匠纸规格比例就大些"[2]。常用的意匠纸规格有八之八，八之十，八之十二，八之十四，八之十六等（图2-8）。

与一般绘制绸缎意匠图所用的平涂法不同，由于黑白像景是通过影光组织来表现的，因此绘制时采用全点法。经线和纬线的交叉点即意匠点。在意匠点上点绘上颜色，即表示经线提起来（纬线显示花纹）。因此，首

[1] 徐铮、袁宣萍：《杭州像景》，苏州大学出版社2009年版，第77页。

[2] 李超杰编著：《都锦生织锦》，东华大学出版社2008年版，第88页。

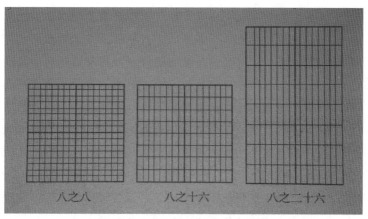

图2-8　常见的几种意匠纸规格

先需要在织锦画和意匠图上打格子。计算出一个见方型的小格子内的纹针数和纹格数，再用小格子内纹针数和纹格数去除以织锦画意匠图纸直向格子数和横向格子数，从而得出意匠图上所需要的格子总数，并标上序号。接下来，同样在织锦画稿上打格子，标序号。紧接着，按照格子及序号的顺序，将画稿图案上不同层次的外轮廓放大到意匠图纸上（图2-9），填上影光组织。如果填好的意匠图层次不够真实、生动，需要进行整体的调整和处理，以使画面生动活泼。简言之，意匠绘图人员依据织锦画的规格（如使用多少根经线和多少根纬线以及多少种经线和多少种纬线），遵循织锦的组织法，将织锦画表达的对象描绘在意匠纸上。八枚、十二枚、二十六枚缎等缎纹组织是黑白像景织物通常用的色阶组织。绘制一张像景意匠图要耗费大量的劳动力，"以规格为27厘米×40厘米的黑白像景为例，意匠图的组织点有200多万点，人工绘制一张意匠图需要45天左右"[1]。

[1]杭州织锦厂等：《提花丝织物纹制工艺自动化——谈谈和白丝织像景纹制自动化》，《丝绸》1979年第10期。

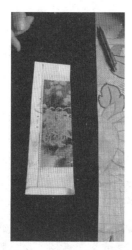

图2-9　将画稿放大到意匠图纸上
都锦生织锦博物馆内意匠绘制者正在意匠绘制

访问正在指导徒弟画意匠画的都锦生丝织厂的工艺大师柯道存师傅[2]时，他这样描述意匠图绘制：

[2]柯道存老师傅，1963年进厂工作，40多年间画了大约近百幅意匠图，是代表当今中国最高织锦水平的织锦画《春苑凝晖》的主要创作者之一，被评为国家织锦业工艺大师。2009年5月13日下午在都锦生织锦博物馆内对他进行访谈。

我从美院毕业后就在这里工作，画了一辈子的意匠画，带出弟子数十名……一幅织锦有二十多道工艺，意匠画是其中首要的，也是最重要的一道工序。（意匠画）要把设计原图用打格子的方法在纸上放大，再一笔一笔在格子里描摹，同时确定哪个部位用什么颜色的组织材料，织出来的色彩才能酷似原图。这真是最细心最专心的手艺活，有时候一年也只能画出一幅，少则也要三四个月，（我）一生在这里也没几幅好画。这个手艺无法用机器来代替。因为电脑无法达到那么精细。

在他看来，这种手艺只能手把手地教，无法整体传授。都锦生织锦技艺传承人李超杰先生也曾指出：都锦生织锦的意匠绘图集历代织锦工艺之大成，它既吸取了宋锦"两经多纬"的织造结构，又吸取了云锦"通经断纬"的技法，其纬重数多达15种以上，所以与其他传统织锦相比，无论在纹路组织还是层次感方面，都锦生织锦都要清晰得多，表现力也更强。[1]因此，意匠图的设计直接影响到织品的效果，对纹样图案在丝织片上再现的技术水平起到关键作用，被誉为"织锦之魂"。

[1]刘克龙：《东方艺术之花——都锦生织锦艺术探析》，硕士学位论文，杭州师范大学，2011年，第11页。

三、织锦的轧制纹版

在完成意匠图绘制后，就进入轧花的工序。制纹版的工作人员以眼看、手掀、脚踏的方法按照意匠图上之组织点在纸版上轧孔，使之成为纹版。这是一道思想高度集中，眼手足并用，极为烦琐的工序，稍一不慎就会造成差错。凡是在意匠格子内涂有颜色的，即表示经线在机子上提起，在提花纹版的相应处就要踏孔，凡是提花纹版上有孔的，就能在机子上操纵纹针提起，这样就可以使经线提起和纬线交织，达到提花的目的[2]。

[2]李超杰编著：《都锦生织锦》，东华大学出版社2008年版，第95页。

踏制纹版时，首先要建立投梭坐标，在整幅意匠图上，按照投梭（颜色）的顺序，由下至上标明每一格踏几张纹版以及踏纹版的顺序。其次，打分格板（图2-10）。按照意匠图的规格和意匠图的纹针数、针位，绘制分格板，即把踏花时每一脚所踏的纹针数分开，以指示意匠图中每一纹针在样卡上的位置。再次，对纹版进行编号，并编写纹版踏制的说明和点绘纹版踏法的辅助图，包括意匠图各代表色的组织踏法、棒刀针起法、台框针起法、色针和其他针的起法、边针起法等。一般而言，有几重纬就轧几张纹版，黑白像景为纬二重结构，因此需要轧制两张纹版（白纬一张，黑纬一张），具体的纹版轧

图2-10 打分格板

法如表2-1所示。以前面所描述的27厘米×40厘米黑白丝织像景为例，手工轧制这样一套，需要二十天左右的时间。纹版轧制完成后，将每张纹版根据颜色顺序和编号串起来（图2-11），安装在织机上，像景织物就可以上机织造了。

图2-11 纹版串联模型
（西湖博览会博物馆陈列）

表2-1 黑白织锦画的纹版轧法表

意匠颜色		黑色	空白	白点	半点	棒刀针	
织物正面组织		黑色纬花	地部白纬平纹	间丝	并色	16纹缎/5飞缎	
意匠格	纹版					前段	后段
一	白纬1	见绒花轧平纹	轧单平	不轧	轧	1	
	黑纬1	全轧	不轧	不轧	轧	1	
二	白纬2	见绒花轧平纹	轧双平	不轧	轧	6	
	黑纬2	全轧	不轧	不轧	轧	6	
三	白纬3	见绒花轧平纹	轧单平	不轧	轧		11
	黑纬3	全轧	不轧	不轧	轧		11
四	白纬4	见绒花轧平纹	轧双平	不轧	轧		16
	黑纬4	全轧	不轧	不轧	轧		16
五	白纬5	见绒花轧平纹	轧单平	不轧	轧	5	
	黑纬5	全轧	不轧	不轧	轧	5	
六	白纬6	见绒花轧平纹	轧双平	不轧	轧		10
	黑纬6	全轧	不轧	不轧	轧		10
七	白纬7	见绒花轧平纹	轧单平	不轧	轧		15
	黑纬7	全轧	不轧	不轧	轧		15
八	白纬8	见绒花轧平纹	轧双平	不轧	轧	4	
	黑纬8	全轧	不轧	不轧	轧	4	

注：表格引自浙江丝绸工学院等《织物组织与纹织学》（下），中国纺织出版社1998年版，第404页。

四、提花机织造及加工

都锦生织锦的提花通常用装有贾卡提花装置的动力织机来织造，依靠手拉手投梭来投纬完成。蜀锦属于经线起花的织锦，其色彩靠经线的颜色来体现。宋锦和云锦发展为纬线起花织物。都锦生织锦的织物汲取了宋锦和云锦的特点，采用了更为复杂的两经多纬的织物结构，属于纬起花的盘梭（纬）织锦。虽然同样用手织机，投纬用梭子，靠手拉手抛，但起花的纬线从10余种到20余种不等。一般的提花机所规定的纹针数为1480，也就是操纵1480根经线单独升降运动。但是都锦生织锦为了织出大幅的织锦画，对贾卡提花装置进行了革新，采用巴吊装置（图2-12）。即在1根提

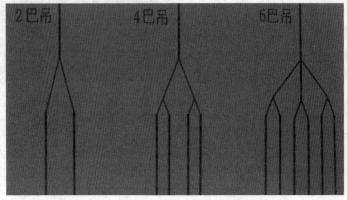

图2-12 巴吊装置的几种类型

花机针子下面一个花回里穿吊多根经线，这样就创造了1864针、2200针和2960针。由于巴吊数越多，越容易产生数根经线起落，致使纹路粗糙不堪，为此，黑白织锦画的织机又采用了32片棒刀装置。既不和地组织相冲，同时也不影响花组织，还能和它们的起法保持一致。这样，提花机能平稳运转，也便于挡车工的操作。最后，经过后整理、裁剪、装裱等一系列的加工工序（表2-2），一幅美丽的黑白像景织物就完成了。

表2-2 都锦生织锦的整个手工工序

都锦生织绵的54道手工工序		
一、设计	小样：根据要求绘制图案及花样，或拍照，或选名画作。	
	品种规格设计：确定织锦的尺寸大小，颜色多少，经纬丝根数等。	
	意匠：根据规格把小样按照组织法图案绘制到意匠纸上。	
	轧花：根据意匠图制作织机提花需要的纹版。	
	编号：根据顺序及色彩编号。	
	串花：把单片纹版串连在一起，便于下道生产。	
二、装造	克箍儿：用箍儿把综丝和下柱连在一起。	
	穿柱线：把柱线穿到综丝上，称三位一体。	
	断通丝：把成绞通丝按织机高度截取一定长度的通丝做巴吊用。	
	做巴吊：把通丝线根据门幅及规格做成巴吊。	
	做柱盘：把木板镶拼成柱盘。	
	穿柱盘：把做成的巴吊通丝穿入柱盘板。	
	挂勾子：把柱盘上的巴吊挂到提花机直针上。	
	吊三位一体：把三位一体吊到通丝上。	
	上夹棒：在提花机直针下加分隔棒。	
	别柱绞：为方便下一道穿综，用绳索做出规则交叉的绞来。	
	穿综：把经丝一根一根穿到综丝上。	
	捞扣：把经丝按规定根数穿到箅齿里。	
	吊棒刀：按照组织吊棒刀，提起经丝用。	

三、经线	浸泡：用助剂浸泡厂丝，使厂丝变柔软。
	脱水：浸泡过的厂丝脱水。
	烘干：潮湿的丝烘干保持一定湿度。
	翻筒：把绞丝卷绕在筒子上。
	并丝：将两根或两根以上的丝线并合成一根股线的过程。
	加捻：就是将单丝或二根以上经过并合的丝进行捻丝。
	定型：稳定丝线的捻度，获得均衡的不扭缩的丝线。
	保潮：使丝线保持一定湿度。
	成绞：将筒装的丝卷绕成一定长度的绞丝便于精炼染色。
	染色：将白的或原色的丝染成各种色彩。
	挑剔：染色后的丝有色差和色块，为保证颜色均匀一体要进行挑剔和排队。
	翻筒：将束装、并装的丝线卷绕在筒子上的过程。
	整经：把已卷绕成筒子或篗子[1]的丝线，按织物品种规格要求卷绕在大圆柜上，然后再退卷到轴上。
	上油：为使经线润滑减少断头，在经线上用助剂。
	接头：把整好的经轴接到织机上去。
四、纬线	纬线：工艺中成绞、染色、反篗、倒篗、并丝解释同上。
	卷纬：把筒子上或篗子上的丝退绕出来，卷绕到纡管上的过程。
	织造：把经线和纬线在丝织机上按设计规格进行编织。
五、织造	色卡制作：根据设计色彩制作色卡，便于制织。
	选纬：把上道工序制成的纬线进行挑选。
	装纤：把纬管装入梭子。
	投梭：把纬线引进经面中。
	换梭：纬管丝线用完，或色彩变动需换梭。
	拆拼档：故障后恢复原样制作。
	回花：把花版回复到故障前同一位置。
	经面检查：清除妨碍织造的废丝、结子等。
	落轴：把制织好的半成品按规定长度剪下来。
六、检验	检验：把织机上落下的坯绸按标准进行目测评定。
	烧毛：绸面有细的绒毛，用酒精灯烧掉。
	织补：织造过程中小的疵用手工按原组进行织补。
	打样：织好的黑白像景，先由设计师根据样稿打好彩绘的样稿，由工人根据样稿进行批量彩绘。
	着色：根据样稿进行批量彩绘的过程俗称着色。
	镶边：根据不同使用要求把风景织锦和装饰织锦进行拷边、镶缎子边、镶丝绳等后加工。
	上排须：装饰织锦的台布，一般在四周镶上丝线制成的排须。
	包装：根据产品特点配以特色包装。

[1] 古代的一种绕丝工具，用竹子做的。

由于使用基本规格的提花纹版，只要改变提花机装造的巴吊数、经线的粗细，调整经线、纬线密度，就可以派生出一些新的织锦的规格。因此，绘制一幅织锦花样的意匠图，踏制一本织锦花样的纹版，就可以织出几个不同规格的织锦花样。换言之，即是一（版本）花多用。这也是都锦生织锦的一个独特之处。[2]

都锦生丝织厂的一位老员工曾这样表述，一件丝织产品的特点主要体现在它的原料、织机以及织物上。在盛产丝织的杭州，要在众多的散户和绸厂中站稳脚跟，立于不败，就需要在这几个方面有所突破。都锦生的织锦首先从织物组织上入手，然后再在织机上进行技术修改，采用贾卡式的

[2] 李超杰编著：《都锦生织锦》，东华大学出版社2008年版，第85页。

提花龙头与冲孔纹版。这样，都锦生生产的织锦就有了特色，为产品的销量赢得了一定的口碑。

第三节　都锦生织锦的黑白像物织锦

正是都锦生织锦这种独特的工艺流程，都锦生在1922年成功地试织出第一幅黑白风景织锦《九溪十八涧》以后，相继设计生产了一系列的黑白风景织锦，使美丽的丝绸和自然风光巧妙地结合在一起，从而达到相得益彰的艺术效果。并且在风景画的基础上，将名人或领袖人物的画像搬上丝绸，创作出人物织锦，为都锦生今后的创业和发展奠定了基础，同时也为丝绸织锦揭开了新篇章。

一、黑白风景织锦：西湖风光

都锦生织锦最初以西湖全景、西湖十景为主要创作题材，推出了一系列的风景织锦画，将西湖的美淋漓尽致地展现出来。可以将西湖风光尽收眼底的《西湖全景》、《杭州内西湖全景》（图2-13）、《杭州外西湖全景》（图2-14）等全景式丝绸风景织锦多以宝石山、白堤的孤山为视觉的焦点，来鸟瞰整个西湖。其织锦基本上都是以实地照片或画家的作品为蓝本，将西湖的一湖二堤三岛以横幅的形式表现出来。织锦的规格不一，主要有7英寸×32英寸和10英寸×47英寸两种，售价均在4到8元之间。

图2-13　《杭州内西湖全景》黑白像物织锦

图2-14　《杭州外西湖全景》黑白像物织锦

围绕西湖分布的"西湖十景"织锦画则是都锦生黑白风景织锦的代表，也是产量最多的，如《苏堤春晓》、《平湖秋月》、《三潭印月》、《雷峰夕照》、《柳浪闻莺》、《曲院风荷》、《南屏晚钟》、《花港观鱼》、《双峰插云》、《断桥残雪》等。最开始生产的主要是5英寸×7英寸规格的，后发展到7英寸×10英寸、10英寸×15英寸和16英寸×27英寸等4种规格。售价每张为0.6元、1.2元、2.4元、6.0元不等[1]。从现在可查找

[1]袁宣萍：《西湖织锦》，杭州出版社2005年版，第71页。

到的《西湖南屏晚钟》（图2-15）、《西湖三潭印月》（图2-16）黑白织锦中不难看出，织锦画将丝绸和自然风光很好地组合在一起，给人带来强烈的视觉冲击。画面中无论是亭榭、垂柳还是它们在水中的倒影，都刻画得非常生动。"那跳跃的波光和明暗交替的光影，都织造得富有层次和规律；再衬着远处霭霭的群山，更体现出一种朦胧、淡雅的闲适气派，充分表现了都锦生织锦艺术对西湖景色的深刻理解和准确把握。"[1]

[1]刘克龙：《东方艺术之花——都锦生织锦艺术探析》，硕士学位论文，杭州师范大学，2011年，第29页。

图2-15　《西湖南屏晚钟》黑白织锦　　图2-16　《西湖三潭印月》黑白织锦

　　这些全景图、西湖十景图虽然在比例上不太准确，甚至有一些与原址不符之处，但可以从织锦画中看到西湖各个景点的历史变迁，具有一定的史料参考价值。如图2-15《西湖南屏晚钟》中的雷峰塔，已在1924年9月的一天轰然倒塌，但在这幅都锦生织锦中却可以找到过去雷峰塔的影子。除了西湖十景以外，还有表现西湖夜景的，如《银河夜渡》等题材被设计成四条屏系列，包括其他三条《天水一色》、《平湖秋月》和《雷峰夕照》，有10英寸×17英寸和16英寸×54英寸两款规格。其他的四条屏还包括《西泠桥畔》、《云栖竹径》、《冷泉瑞雪》和《保俶远眺》，规格为7英寸×32英寸和10英寸×36英寸。这些织锦画现在已很难查找到全部，只能在30年代发行的《杭州都锦生丝织厂美术样本》中看到样本设计的原貌。

　　后来，西湖其他的名胜风光，如保俶塔、苏堤、灵隐、飞来峰等各处的景致也都被织进了丝绸中，变成精妙绝伦的织锦风景画。虽然是黑白的，但在织物影光组织法的变换下，西湖风光的美，不论是重峦叠嶂的山峰还是枝繁叶茂的树林，不论是山间的岚气还是池塘中的涟漪，不论是湛蓝的天空还是天空上流动的白云，都被栩栩如生地表现在织锦中。

二、黑白人像织锦：名人领袖

　　巴利（Barley Stephen）曾指出，尽管技术不是决定性的因素，但是引入技术可以为结构化提供"机会"[2]。除了生产黑白丝织风景画以外，都锦生利用以前在学校学习过的丝织人物画像技术，试图通过黑白经纬线的阴暗处理，来织黑白人像织锦。

[2]W.理查德·斯科特：《制度与组织——思想观念与物质利益》，姚伟、王黎芳译，中国人民大学出版社2010年版，第154页。

　　黑白人像织锦以名人、名家或导师、领袖人物的画像为主。都锦生在1923年以一位上海犹太富商为原型，创作了第一幅人像织锦《哈童像》。随后，被孙中山先生的民族思想所打动，在1924年都锦生亲手设计、织造了孙中山先生的画像意匠图，然后按照织锦程序，织出了孙中山先生的织锦画像。该幅黑白人像织锦明暗有致，浓淡适宜，人物逼真传神，栩栩如生。人像织锦完成后，都锦生赶往上海，与中华书局、永安公司洽谈孙中山画像的代销业务。由于孙中山本人的人格魅力和影响力，以及当时国内追求民主的发展形势，代销洽谈进行得非常顺利。该幅织锦开始成批生产，通过中华书局在全国广为发行，产生了很好的政治影响，"极大地鼓舞了全国人民的革命斗志"，

图2-17 《总理遗嘱》黑白人像织锦

也为都锦生的丝织产品起到了很好的宣传作用，产品一时间供不应求"[1]。1925年，孙中山先生因病辞世，各界纷纷掀起了纪念他的活动，寻求他的遗像作为纪念。都锦生在原来孙中山肖像的基础上，配上他的遗嘱，来完成人物织锦画像。这样，《总理遗嘱》的黑白人像织锦画（图2-17）大胆地结合了字画和肖像，肖像人物传神，而遗嘱字体端正有力。

民国时期另两位重要的人物蒋介石、张学良也是黑白人像织锦的主要题材。从这时起，都锦生丝织厂不仅仅生产重要人物的肖像，也开始向社会推出定织丝织人像的业务。社会上的人员可以将自己的人像照片给都锦生丝织厂，由丝织厂设计生产成丝织人像。由于条件限制，主要接收7英寸、10英寸、15英寸和17英寸四种规格的丝织人像生产。其中"7英寸、10英寸规格的200张起织，每张1.2元，另加手续费100元，15英寸、17英寸规格的100张起织，每张2.4元，另加手续费100元"[2]，订购的数量越多，手续费就越便宜，甚至可以取消手续费。

第四节　家庭作坊的织锦贸易

最初，都锦生在自家门口挂上"都锦生丝织厂"的招牌，又挂了样品来介绍自己的产品，吸引过客，推销织锦画。虽然在成立之初已以厂名来命名，事实上，在很长的一段时间里，都锦生丝织厂仍然是非常典型的家庭作坊，只有一间房子，一架手拉织锦机，"称它为手工作坊来得恰当"[3]。

一、茅家埠的本地贸易

都锦生简陋的家庭作坊运用了独特的销售方式来推销他的织锦画。虽

[1]李冈原：《东方丝王都锦生》，天津人民出版社2011年版，第104页。

[2]徐铮、袁宣萍：《杭州像景》，苏州大学出版社2009年版，第63页。

[3]中共都锦生丝织厂委员会、杭州大学历史系编：《都锦生丝织厂》，浙江人民出版社1961年版，第19页。

然丝织厂的开业得益于都锦生父亲让出的一间祖屋，但恰恰是这间屋子的好位置成就了一个厂的传奇。杭州的大小佛寺遍布城内各处，每逢佛教节日，各地的香客纷纷赶来礼佛，慢慢演变成为一种民俗文化[1]。寺庙外、行道旁都是商铺、店肆，各种物品应有尽有，大大繁荣了杭州的商业经济。灵隐寺作为杭州最早的名刹，香火旺盛，而前往灵隐、天竺烧香拜佛的必经之路就是茅家埠。据记载，当时杭州城里的人到灵隐寺去进香礼佛都要在湖滨乘船，经西湖水道到茅家埠，然后弃船，走"上香古道"，步行或乘轿到达。因此茅家埠作为西湖水陆交通的中转站，一到佛教节日，热闹非凡。这也为茅家埠带来了商机，这里商铺云集，酒肆茶楼林立。《说杭州》一书中曾这样描绘其场景："有先一日即往者……于傍晚出行，至茅家埠上岸，一路夜灯照耀不绝……自城门至山门十五里中，摩肩接踵，何止数万人。"[2]这样一来，都锦生丝织厂门口也就成了香客的必经之路。都锦生丝织厂的招牌一眼就能被香客们认出。他的招牌和样品，引起了香客驻足观看；怀有好奇心的人，一定要进去看个究竟。

其次，西湖美景天下闻名，许多游客慕名而来，往往希望留个纪念或者把西湖的美景带给别人看看，所以都锦生织锦一开始生产的西湖十景，恰恰把握住了顾客们的这种心理。虽然"色彩也只有黑白两种，但是因为它新颖别致，比纸画风景真实、牢固、美观得多，因而受到了人们的喜爱"[3]。而且，当时织锦的定位是专供官僚、地主、资本家玩赏的高级消费品，即便是高级的消费品，但都锦生尽量降低产品价格，以每张风景画6角一幅来卖，虽然价格也不便宜，但在高级消费品里，绝对属于薄利的，再加上产品新颖，喜迎了大量的游客。

都锦生的女儿都恒云这样说：

> 那些游客、香客看了这个都锦生丝织厂好像挺新奇的，以前没有听说过有这么个厂，又看到这个样品，也很特别的，他们总是进来看个究竟，是怎么样的，另外这个丝绸很便宜，只要3角钱（注：应该是6角钱）一张，大伙都抢着买了。[4]

《杭州市经济之一瞥》中也曾这样描述过：

> 其所营业为一种特别美术品，专织各种西湖风景挂片，每年春季中外人士来杭游览者，均以其廉价，多乐购买，销路亦颇不弱。其织法以照相为底稿，用意匠纸放大照绘，由纹纸踏成花孔，上机织出，仍与照片之原样尺寸无异。[5]

如此，都锦生织锦自然变得容易销售。

为了拓展销路，都锦生不仅仅在茅家埠做买卖，他还让别人代销，如雇佣了一群孩子，让他们捧着织锦，到西湖边去兜售，"卖掉一张，给两枚铜元的报酬"[6]；或在西湖边"委托饭店、旅馆、寺院以及游艇船夫代为推销"[7]；而他本人也"经常挟一个土黄色的包袱，到城里各家商店、饭店挨家兜售"[8]。经过这一系列的销售活动，都锦生织锦开始被越来越多的人

[1] 李冈原：《东方丝王都锦生》，天津人民出版社2011年版，第99页。

[2] 钟毓龙：《说杭州》，浙江人民出版社1983年版，第316页。

[3] 中共都锦生丝织厂委员会、杭州大学历史系编：《都锦生丝织厂》，浙江人民出版社1961年版，第19页。

[4] 都恒云口述，《百年商海：东方丝魂"都锦生"》纪录片，2005。

[5] 魏颂唐等编：《杭州市经济之一瞥》，浙江财务人员养成所出版1932年版，第54—55页。

[6] 中共都锦生丝织厂委员会、杭州大学历史系编：《都锦生丝织厂》，浙江人民出版社1961年版，第20页。

[7] 李冈原：《东方丝王都锦生》，天津人民出版社2011年版，第101页。

[8] 李冈原：《东方丝王都锦生》，天津人民出版社2011年版，第101页。

[1] 李冈原：《东方丝王都锦生》，天津人民出版社，2011年版第103页。

[2] 启文丝织厂成立于1926年，厂址在坛仙巷，创办者为马振东。1956年，在社会主义工商业改造浪潮中，启文丝织厂并入公私合营都锦生丝织厂。

[3] 袁宣萍：《西湖织锦》，杭州出版社2005年版，第53页。

[4] 沈一隆、金六谦：《杭州之丝绸调查》，载浙江省建设厅工商管理处：《浙江工商》第一卷，1936年。

[5] 宋永基：《都锦生丝织厂的回忆》，政协浙江省文史资料研究委员编：《浙江文史资料选辑》第10辑，浙江人民出版社1978年版，第132页。

知道并欣赏。因此，定点销售被提到议事日程上来，"要想把生意做大，一定要多设摊铺，广开门路"[1]。为此，都锦生在西湖边的中山公园租了一个亭子，设摊出售都锦生织锦。1924年，都锦生丝织厂正式在湖滨花市路69号设立门市部（图2-18），专门销售织锦。这一带人流量大、商业发达，除一些老店外，一些新开张的百货店、国货陈列馆也纷纷涌入。随着都锦生织锦产品逐步打开销路，其他丝织厂也纷纷效仿。先后有启文[2]、国华、西湖等丝织厂生产黑白丝织风景片，均以西湖风光为主要创作题材[3]。

图2-18 都锦生丝织厂杭州总发行（西湖博览会博物馆陈列）

二、上海及外地的拓展贸易

"杭州丝绸销售市场几遍全球，其运输路线大都先集中上海，然后转运各地。"[4]因此，上海这个当时中国资本主义发展最早、最集中的大都会自然是丝织品销售的理想场所。虽然当时茅家埠的贸易不错，但营业并没有很大的起色，而扩建生产、购买机器和雇佣工人又使得都锦生丝织厂资金不足，为了推广业务，都锦生亲自带着产品，到上海三大公司进行织锦画的推销。当时只有上海永安公司同意在规格和花色增多的时候，允为推销。为此，都锦生又转到福州，但无人问津，扫兴而归。由于当时只能生产5英寸×7英寸和10英寸×15英寸两种规格的西湖丝织风景，而且只能生产黑白图片，这大大限制了销售的发展。"所幸这时杭州门市部营业略有起色。他的妻子专管产品收发及银钱收付等业务，每天总要忙到午夜。"[5]

到1925年时，随着花色品种的增加，上海永安公司同意推销，只是为数不多。都锦生并不满足于永安公司代销他的产品，为此，他毅然决定在上海北四川路开设营业所（图2-19），独立销售，以批发为主。

上海营业所的开设一方面为都锦生丝织厂的产品立足国内市场奠定了基础，同时也为跨入国际市场架设了一块跳板。借助上海市场的开辟，织锦的营销逐步转入正常。同一年都锦生又选择在广州十八铺开设营业所（图2-20）。即使到了今天，笔者仍然在广州无意中看到了都锦生的丝织品牌写在广州白云机场的丝织品销售窗户上。上海、广州这两个点的选择，为都锦生丝织品的

图2-19 都锦生上海营业所

图2-20 都锦生广州营业所

销售创造了机会。

随着孙中山先生的黑白人物肖像的开发，"各国名人丝织肖像的订单纷至沓来"[1]。产品销路的打开，自然对生产有了更大的要求。1923年，"厂里添了一架织机，增加了一名工人"[2]，这样，"厂里的两台织机，两个工人每天能织三花（同一时间内织造出三片风景）四十片"[3]，全年总产值17200多元，净利润10000多元。为了获得更大的利润，都锦生丝织厂在不断地增添设备、扩大规模，盈利所得的钱无一例外地都被都锦生用于扩大再生产。如都锦生丝织厂1922—1926年的基本情况所显示（表2-3），到1926年底1927年初的时候，都锦生已经在家中的空地上建了一幢低矮的、设备简陋的小厂房，丝织厂的手拉机增加至7台，而工人也增加至17人，由师傅、工人及学徒负责生产，而都锦生则专门负责生产管理和产品销售，都锦生丝织厂开始从一个简易的家庭作坊向小工厂转变。

[1]李冈原：《东方丝王都锦生》，天津人民出版社2011年版，第186页。

[2]中共都锦生丝织厂委员会、杭州大学历史系编：《都锦生丝织厂》，浙江人民出版社1961年版，第20页。

[3]中共都锦生丝织厂委员会、杭州大学历史系编：《都锦生丝织厂》，浙江人民出版社1961年版，第20页。

表2-3 都锦生丝织厂1922—1926年的基本情况

年代	产量	产值	设备	工人
1922		资金500元	手拉机1台	拉机师1人，工人1人
1923	约146000片丝织风景	17200多元	手拉机2台	工人2人，拉机师1人
1924			手拉机3台，轧花机1台	拉机师1人，工人2人，轧花工1人，意匠设计2人
1925			手拉机7台，轧花机1台	
1926			手拉机7台，轧花机1台	工人17人

注：根据都锦生丝织厂厂史整理。

第三章 都锦生织锦的辉煌
（1927—1931）

1927年，浙江省延续了之前丝绸业的景气状况，共有丝织企业3100户，其中公司3家，丝绸厂112家，丝织机坊2985家，资本总额599万余元[1]。就杭州市而言，就有绸厂60余家，规模较大的包括纬成、虎林、袁震和等。随着都锦生织锦的声名远播，特别是在美国费城获得的国际金奖，国内外市场对都锦生织锦的需求量大幅度上升。为了适应需求，都锦生丝织厂开始由家庭作坊向中等规模的企业过渡，生产的产品也不再局限于黑白的西湖风景或黑白的人物肖像织锦，而是赋予织锦五彩颜色，并把织锦运用于实用性物件中。1931年前后，都锦生织锦迎来了它的顶峰时期。后来由于国内战事频仍，销量受阻，直到新中国成立前丝织厂也再没有恢复和达到这个时期的兴盛。

[1]蒋猷龙、陈钟主编：《浙江省丝绸志》，方志出版社1999年版，第169页。

第一节 都锦生丝织厂的扩建与兴盛

由于茅家埠场地的限制，都锦生丝织厂决定在杭州艮山门一带设厂。"当时的艮山门是杭州水陆交通的枢纽，各地商客云集，丝绸业尤为发达，丝织业、染织业、缫丝业等店铺到处皆是，一片'机坊林立，唧唧机声，连绵不绝'之地。同时这里是沪杭铁路的第一站，是杭州货物中转集散地，有利于引进原料和对外营销产品。在这里设厂还可就地取材，减少一部分运输费用，降低生产成本。"[2]

于是都锦生在艮山门外火车站旁，购置了十几亩土地和房屋，建造了一所木结构的厂房，可以容纳百来台手拉机。又造了三间较为精致的房子，周围有竹园、池塘，环境优雅而清静，这是专为搞设计的技术人员、画意匠图和轧花版的人员安排的。这时的丝织厂，职员已增加到30多名。原由都锦

[2]李冈原：《东方丝王都锦生》，天津人民出版社2011年版，第120页。

[1]吕春生主编：《杭州老字号》，杭州出版社1998年版，第9-10页。

生妻子管的事务，也交由专门的职员分管。丝织厂还招收了几名实习生，以培养画意匠图和轧花版的技术人员。新厂建立以后，设备逐渐扩大到手拉机100台，轧花机5台，意匠人员8人，全厂职工一共约一百三四十人。另有资料介绍称：后来都锦生丝织厂又设置了三四台电力机专门织造绸缎，1台自动串花机和1台法国电力机（留法同学赠送）[1]。如此一来，都锦生丝织厂设备齐全，大大提高了机器设备的生产能力，能自己生产各种各样的丝织品，以及绸缎。

宋永基在1954年所作的《都锦生丝织厂初步了解报告》中曾这样回忆当时的情况：

[2]宋永基：《都锦生丝织厂初步了解报告》，杭州市档案馆，1954年。

> 1922年最初的资本为银币500元（笔者注：相当于现人民币1万元）。1924年在杭州湖滨开设第一家门市部，后向银行贷款2000元建了一间小型厂房，手拉机增至7台，职工30多人。1927年，在当时杭州水陆交通的枢纽，又是丝绸业云集之地艮山门，都锦生建了一座新厂房，将工厂从茅家埠迁了过来，两个织造车间，68台手拉机，4台电力机，5台轧花机，1台自动串花机及1台法国电力机，职工130余人。[2]

随着企业规模的不断扩大和人员增加，家庭式的管理模式已不再适应发展的需要，为了加强管理，都锦生特聘请刘清士先生负责全厂的业务工作，并制定了一些厂规：

> 1.工人进厂必须先填保单（嗣因工人反对而取消）。2.职员实行签到制，规定每月一日、十六日休息两天。3.工资主要采取计件工资，无法计件的按月固定工资；对技术人员则采取两者兼用，即除规定的计时工资外，再以产量多少计算计件工资，技术人员还根据技术高低分为甲、乙、丙三级，成绩好的可以升级。4.职员工资包括技术人员的月计工资，每年以十八个月计算，四个月作为奖励金，二个月为升工，全年准假二十一天（平时请假，工资照扣），每逢六月、十二月发双工资，十二月再发四个月奖金及二十一天准假工资。5.职员工资每年加二次，每逢一月及七月各加一次，少则二元，多则十元，一般为四至六元。但是，加到一定程度，或遇到营业差的时候，就终止加薪，这完全由老板亲自决定。6.职员伙食由厂方供应，工人则由自己负担。[3]

[3]宋永基：《都锦生丝织厂的回忆》，政协浙江省文史资料研究委员会编：《浙江文史资料选辑》第10辑，浙江人民出版社1978年版，第133页。

从厂规中可以看出，职工和工人的管理上已经采取了奖金、休息日等福利措施，并且实行了绩效工资考核制度，这对当时的企业管理而言，是非常难得的。据宋永基回忆说，当时都锦生厂的工资定额比其他丝织厂中的一般工资都要高一些，大概高20%左右，这在当时是一个不小的数目。

由于工人们的工资采用计件制，所以工厂的产量增加很快。"营业较好的时候，为了避免增加设备及人员，总是临时宣布加开夜班，从夜间七时至十时。"[4]这样，工人全天基本上工作要达到13个小时左右。这与当时杭州市工人的平均工作时间差不多。意匠、轧花等技术员则采用部分计件工资，以便敦促他们的设计速度。此外，丝织厂还根据意匠、轧花、织造等技术的不

[4]宋永基：《都锦生丝织厂的回忆》，政协浙江省文史资料研究委员会编：《浙江文史资料选辑》第10辑，浙江人民出版社1978年版，第133页。

同，制定了一套技术考核标准，将这些技术分不同等级，给予不同的报酬，以鼓励他们提高技术水平。意匠图和花版的质量，则由技术人员自我检查，自己负责修改，合格者方可投产，计算工资。这种方式，有利于提高技术人员的责任感和工作积极性，同时可以提高他们的技术水平。为了能在市场上站住脚跟，丝织厂非常重视专业技术人员，重金聘请他们。如图样设计师李克行，意匠师胡邦汉、陈贤林、蔡加然，轧花师孙祖华等都是各项技术的高手。为了能使这些高超的技艺得以传承，都锦生丝织厂专门招收实习生，在他们进入企业后，对他们进行专门的技术再培训，学习意匠画和轧花版等各种技术，使这些实习生慢慢地成长为后来企业的专业技术人员。

1927年，随着浙江省政府推行地方改制政策，杭州迎来了新的发展机遇，经济文化得到了更为有利的发展。在这种形势下，都锦生丝织厂经营得越来越好。有学者提出，1927—1931年是都锦生丝织厂营业的鼎盛时期。无论是生产规模、技术力量、花色品种，还是销售方面，都达到新中国成立前该厂的最高峰[1]。1931年国民政府工商部的调查员沈宜壬对都锦生丝织厂的全面调查结果（表3-1，表3-2）可以充分验证这种说法。虽然受到一些劳资运动的冲击，但都锦生丝织厂仍每月营业额高达15万元。都锦生扩大再生产，扩建厂房，增添设备，完善各个部门。厂房在1930年又扩建一次，使总面积达到40亩。织机则包括力织机和提花机两种。1931年都锦生丝织厂全年出产丝织风景50400尺，用天然丝原料1140斤，人造丝原料5000磅[2]。以此来计算，企业年利润达十多万元，在当时来说颇为惊人，达到了高产出、高效益、高回报的良性循环[3]。"在都锦生一生中，在这个时期，可谓最称心得意之时。"[4]事实上，这个时期也恰好与整个私营丝绸经济发展"兴旺"的时期相吻合。1931年9月随着东北的沦陷，都锦生丝织一半的市场被夺，企业生产受到沉重打击，都锦生丝织厂开始转向西湖绸伞和丝织佛像的生产，以获得高利润来维持企业生存。此乃后话。

都锦生丝织厂的企业结构在1927—1931年基本成形，产量虽因销售的带动而大幅度增加，但企业结构没有因此而做出大幅度的调整。只是在1928年都锦生引入日本的绢伞，与工人们共同研究开发中国绸伞后，在丝织厂中分离出了独立的制伞部。整个组织的结构（图3-1）与新中国成立后1954年企业公私合营前的组织结构大体相同，只是驻外行所要比1954年时多10处。从图3-1中不难看出，都锦生丝织厂在1927年建新厂以后，实行厂店分离。工厂负责研发、加工与生产，而店面则负责销售和采购。在丝织厂内，在织造之前，主要为准备部、绘图部和制版部，织造则分为手织部和力织部，即手工和机器两种生产，织完以后，由着色部进行着色处理。

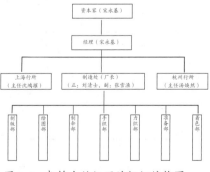

图3-1 都锦生丝织厂的组织结构图

注：来自杭州都锦生丝织厂《都锦生丝织厂的结构图》，杭州市档案馆，1954年。

[1]赵大川：《杭州老字号系列丛书——百货篇》，浙江大学出版社2008年版，第187页。

[2]建设委员会调查浙江经济所编：《杭州市经济调查》，民国浙江史研究中心、杭州师范大学选编：《民国浙江史料辑刊（第一辑）》第6册，建设委员会调查浙江经济所1932年版，第52页。

[3]李冈原：《企业家的创新精神与文化积淀·世界视野——都锦生及其品牌的个案分析》，《杭州师范学院学报》2005年第8期。

[4]宋永基：《都锦生丝织厂的回忆》，政协浙江省文史资料研究委员会编：《浙江文史资料选辑》第10辑，浙江人民出版社1978年版，第134页。

表3-1 国民政府工商部工厂调查表

厂名	都锦生丝织厂		
厂址	浙江省杭州市艮山门外火车站边		
厂长名字	都锦生		
工业种类	丝织风景五彩锦绣		
成立年月	1922年5月		
出品商标	T.C.S.		
性质	独资		
资本	华资1万元		
厂屋	新式或旧式	新旧式皆有	
	自有或租用	自有	
	建筑年月	1922、1928、1930	
	面积	约40亩	
	厂屋总值	8000元	
工厂人数和工资	计时工人	男工12人工资15元 女工2人工资9元	
	计件工人	男工34人工资25至50元；女工15人工资12元	
工人年龄	男工最大52岁最小17岁；女工最大40岁最小16岁		
工人工作时间	男工日工9小时夜工3小时；女工日工9小时夜工3小时		
工人文化程度	识字人数22人；不识字人数44人		
职员人数及薪金	男20人月薪20至50元，女无		
原料	种类	天然丝	人造丝
	出产地	浙江省	英、意、日等国
	运输方法	铁路	铁路
	每年总数	840斤	3000磅
	最近价格	每斤16元	每磅3元
原动力	电力	种类	马达
		座数	1座
		制造国	丹麦
		所用时间	1926年
		共用马力	5匹
		每日平均用电	10基罗瓦特
	人力	本厂所出各种系艺术物品，配色及组织非常复杂，故一部分不得不借用人力，但大部分全待机械也	
机械	种类	力织机	提花机
	制造国	日本	中国
	制造厂	津田制作所	武林铁工厂、浙江五金厂
	使用时间	1926年	1922年
	全厂机械总值	7300元	
出品	种类	丝织像物	
	每年出数	52000块	
	装置法	装箱或用纸包	
	每年出品总数	52000元	
	运输法	铁路、轮船	
	销售最旺区域	南洋、英、美等国及中国各省	
	每年销数	52000块	
	销售物品之市价	52000块（每块售1元）	
机械及原料有国货可代用否	机械及原料现已有国货可用，唯国货价值较大而货品尚未精良，至于人造丝，国货尚未出品，不得不用国外货		
贵厂出品能推销外洋否	现已能推销至英、美、法等国及南洋		
贵厂出品如不能畅销其故安在	前因捐税重叠，推销殊感困难，今后厘卡裁撤，关税免纳，定能畅销也		
最近几年营业比较	1922年	亏3000元 原因 创办开支较大	
	1923年	亏1000元 原因 创办开支较大	
	1924年	盈800元 原因 已得社会信用	
	1925年	盈1600元 原因 营业渐佳	
	1926年	盈2000元 原因 营业渐佳	

	1927年	亏500元 原因 战事影响	
	1928年	平	
工厂待遇之设备	浴场	1所	
	食堂	1所	
	更衣室	无	
	洗面所	无	
	运动场	1个	
	厕所	2所	
	饮料	用沙，糖水	
	救火机	2所	
	防疫方法	备药和打防疫针	
	避险标牌	无	
	危险机之保障	极易碍及人之处用木板隔障	
	寄宿舍	已备一部分	
	书报社	1所	
	娱乐场	无	
	教育	无	
	医药	普通药品免费	
	医院	无	
	常年聘请之医生	无	
	借贷	无	
	抚恤	贫伤者及死亡者酌量抚恤	
	育儿所	无	

注：引自金普森主编《浙江企业史研究》，杭州大学出版社1991年版，第171—176页。该调查原件藏于中国第二历史档案馆，案卷号2045。

表3-2　国民政府工商部国货调查表

1931年6月11日　调查员：沈宜壬

种类	丝织		
品名	丝织风景、五彩锦绣		
用途	布置厅堂，高尚礼品，且系艺术物品，可留纪念		
说明	用以替代舶来品之西洋画		
商标名称	T.C.S		
注册号数	2338		
注册日期	1929年3月		
工厂内容	名称	都锦生丝织厂	
	地址	浙江省杭州市艮山门外火车站边	
	成立年月	1922年5月	
	厂长姓名	都锦生	
	主任技师	姓名	都锦生
		资历	浙江省工业专门学校毕业
	外籍职员人数及职务	无	
	全厂职工人数	86人	
关于原料事项	名称	天然丝	人造丝
	来源	浙江省各丝号	英、日、意等国
	运输方法	航轮、铁路	由上海铁路运
	每年需用总额	840斤	3000磅
	每单位最近价值	每斤16元	每磅3元
每件出品内需用数量级价值	每10块用天然丝3两5钱，价值3元5角；每十块用天然丝（引者注：人造丝）7两，价值1元7角5分（注十六两）		
已经销行年月	9年		
畅销地点	英、美、法等国及南洋		
销数（以年计）	本埠12000块，外埠40000块		
每年产额及总值	产额52000块，产值52000元		
最近3年盈亏实数	1928年盈500元；1929年盈3000元；1930年平		

注：引自金普森主编《浙江企业史研究》，杭州大学出版社1991年版，第171—176页。该调查原件藏于中国第二历史档案馆，案卷号2045。这张国货调查表与前面的工厂调查表中，有关企业的盈亏情况在1928年出现前后矛盾的情况。此外，两张表都是在1931年6月进行的调查，此时都锦生丝织厂1931年全年的产量还没有出来，故调查的基本数据与浙江建设委员会所调查的1931年都锦生丝织厂全年出产丝织风景50400尺，用天然丝原料1140斤，人造丝原料5000磅，没有冲突。

[1]谢牧、吴永良：《中国的老字号》（上册），经济时报出版社1988年版，第140页。

[2]汤焕然老人，浙江余姚人，都锦生丝织厂老职工，1937年进厂工作，当时只是上海门市部的一名练习生（注：现称实习生）。

[3]汤焕然口述：《东方艺术之花——都锦生织锦艺术探析》，刘克龙著，硕士论文，杭州师范大学，2011年，第83页。

从1922年创业开始，经过9年的时间，都锦生丝织厂已经"由一个不起眼的家庭作坊发展成为饮誉中外、颇具势力的中型丝织企业"[1]。据都锦生丝织厂的老职工汤焕然老人[2]口述：

> 都先生在管理上有自己独到的方法。一、他很少自己过问，工厂一般一天去一次，门市部一周去一次，工厂采用厂长制，门市部采用主任制（每个门市部5个人，出纳和管理归主任，其他人营业兼管库房）。自己是老板，不任职，也不安排自己的子女、家属。都先生自己只管设计，不断收集资料。不惜工本积累资料，各名画家的画册都有收集。二、会计管理。由专人负责财务管理，请上海会计事务所专门设计账册，采取报表制、年终汇报制。这些财务制度都是当时比较先进、超前的。三、定期召开会议。[3]

在这种新的管理制度下，工厂的工作效率大大提高，各部门都能专心从事各自的工作和研究。

第二节　都锦生织锦的五彩颜色

由于黑白像景织物主要依靠黑白两种色纬组成的影光效果来表现景物，色彩难免过于单调、不够丰富，大大限制了丝织风景画的进一步发展。所以都锦生希望能根据景物的要求涂上颜色，从而增强表现力。在专业技术人员的攻关下，"首创了着色技术"[4]，并通过彩色纬线的变化，织就了五彩织锦。

一、着色织锦：特殊加工工艺

在着色工序中，着色工人使用各种各样大小不同的笔，有的是画眉的小楷笔，有的是大如圆盘的笔，将各种不同水彩颜色根据美术要求着绘到黑白风景织锦画上。在上色前，首先需要对画面的主题、用色和小样的成品过程有一定的把握。上色的时候，必须把原来的黑白底色考虑进去，然后遵循先淡后深，先远后近，先建筑物后树木花草的原则。当然，这也不是绝对的操作要求，可以依据画面灵活运用，力求抓住主色，用较少的色彩表现出丰富的画面。因此，所用的颜色也不完全按照绘画的色彩层次来着色。

这样一来，黑白风景的天空变成湛蓝，树林变成翠绿，水塘清澈了，花朵美丽了，原本的黑白风景织锦画俨然变成了一幅色彩绚丽的绘画织锦。真所谓"远看山有色，近听水无声"，给人们带来了身临其境的感觉和耐人寻味的艺术享受[5]。这种着色的彩色像景与后来的彩色织造像景相比，成本要低得多，但它的色彩更为丰富，而且整个着色过程全部手工操作，成批生产。如西湖十景中的《西湖平湖秋月》织锦，原先的黑白像

[4]谢牧、吴永良：《中国的老字号》（上册），经济时报出版社1988年版，第141页。

[5]李超杰编著：《都锦生织锦》，东华大学出版社2008年版，第11页。

景（图3-2）表现出了远近层次，而着色后的《西湖平湖秋月》织锦（图3-3）则更加表现出了清朝骆成骧写在平湖秋月楼阁上的对联的意境，"穿牖而来，夏日清风冬日日；卷帘相见，前山明月后山山"。西湖不仅秋天美，一年四季都风光如画，永远令人流连忘返，不忍归去。

图3-2 《西湖平湖秋月》黑白织锦　　图3-3 《西湖平湖秋月》着色织锦

其他的西湖美景，都锦生织锦也都进行了这种着色创作。如《西湖苏堤春晓》（图3-4）、《西湖曲院风荷》（图3-5）、《西湖双峰插云》（图3-6）、《西湖三潭印月》（图3-7），通过着色技术，可以在织锦中领略到更好地反映真实景象的湖光山色。与之前的黑白像景织物相比，可以看到西湖风景在岁月的沉淀中有了一些明显的变化。有学者根据着色织锦进行考证，发现"与今天的景色相差较远的是断桥残雪"[1]。先前的《断桥残雪》织锦（图3-8）根据不同的角度，或将断桥位于画面右侧，由绿树掩映白堤，或将桥横亘画面中间，左侧为御碑亭，但都勾画出断桥上有门，门上有檐子，下雪时雪落在门檐上，远远望去只有桥两头有白雪，故得名"断桥残雪"。而后来不仅真实的风景点断桥上没有了门檐，织锦画也对断桥残雪的景点描述发生了变化。

[1]徐铮、袁宣萍：《杭州像景》，苏州大学出版社2009年版，第50页。

图3-4 《西湖苏堤春晓》着色织锦　　图3-5 《西湖曲院风荷》着色织锦

图3-6 《西湖双峰插云》着色织锦　　图3-7 《西湖三潭印月》着色织锦

除了西湖十景以外，着色像景展现杭州风景的还有钱江塔影、西湖白堤、小瀛洲、西湖孤山探梅、西湖空谷传声（图3-9）等。《西湖空谷传声》织锦是站在西泠桥上看内西湖的景致，画面空阔，小舟轻棹，"欸乃一声山水绿"[1]。国内其他城市的风景也能在着色像景上找到。如《北京万寿山颐和园全景》、《北平万寿山全景》、《苏州虎丘全景》、《镇江金山》等等。都锦生风景织锦的题材不局限在国内，国外的一些著名景色也开始出现在像景中。如1930年的《杭州都锦生丝织厂美术样本》中就有"美国黄石公园"与加拿大安大略省和美国纽约州交界处的"拿加拉瀑布"的图片(即尼亚加拉大瀑布)，足见都锦生织锦开阔的世界眼光。

图3-8 《西湖断桥残雪》着色织锦

图3-9 《西湖空谷传声》着色织锦
（西湖博览会博物馆陈列）

[1]袁宣萍：《西湖织锦》，杭州出版社2005年版，第86页。

二、五彩织锦：锦绣工艺

虽然在织锦中加入了特殊的着色工艺，但都锦生织锦画面的表现力和生动感似乎仍不够。为此，都锦生和他的技术人员开始新的尝试，希望通过各色纬线的浮沉显色，构成彩色的景物形态。几经试验，试织了1公尺×2公尺的《五彩鸡》，织锦画面色彩鲜艳，鸡和花卉的形态逼真。后来又设计生产了10英寸×15英寸的五彩织锦《蜻蜓荷花》，用十多种不同颜色的纬线在手拉机上直接织造，形成了纤巧的蜻蜓和挺拔的荷花交相辉映的生动画面，产生了神奇的艺术效果，从而掀开了彩色织锦生产的新篇章。

这种织锦，是由两组经线和多重纬线交织而成的纬多重织物。两组经线中，一组为地经，一组则不参与织物组织的交织，而是将浮纬线压牢的接结经线。两组经线的排列比主要由经密来决定。经密小时，常用3：1或4：1，经密大时，则用8：1或12：1。纬线分成地纬和起花纬线。地纬和起花纬线的排列比则根据起花纬线的多少而定[2]。由此，织物由一组经线和纬线交织成地纹，然后，再由其他纬线在地纹上起花。起花的方式，一种和黑白织锦的缎纹影光组织点绘的方法完全一样，只是在点绘时，依据织物结构的不同（纬线的种数和色彩），用不同颜色来把影光组织表现出来。另一种起花方式是采用彩色纬线浮于织锦地纹之上和不同的纬浮色所产生的晕裥混合色起花。可以根据各段色彩的需要进行换纬线或利用两种色纬

[2]李超杰编著：《都锦生织锦》，东华大学出版社2008年版，第50-51页。

并和成间色，如混合纬浮组织将蓝白两种颜色的纬线一并织入，织物表面就会呈现出由蓝白两种颜色混合而成的粉蓝色。[1]更复杂的混合纬浮影光组织则是使蓝色纬花逐步过渡到由蓝红两色混合而成的紫色纬花，再逐步过渡到红色纬花，接着过渡到由红白两色混合而产生的粉色纬花，最后过渡到白色纬花，即完成由蓝—紫—红—粉—白五色的过渡。由于使用纬线颜色多少的不同，所产生的纬浮影光也不尽相同，宛如我国传统织锦工艺中的晕裥锦。

[1]徐铮、袁宣萍：《杭州像景》，苏州大学出版社2009年版，第77页。

由于彩色像景织物可能存在各段色纬线重数不同的问题，因此意匠图上一横格所代表的纬线重数不同，都需要标注清楚。此外，彩色像景对层次的表现除了影光组织以外，还运用了各色纬线的不同色彩，以及各色纬线相互并和所产生的间色来增加色彩的丰富程度，因而在绘制意匠图纸时，需要在并色的部分两种颜色各画半点（图3-10）来清楚表示[2]。

[2]徐铮、袁宣萍：《杭州像景》，苏州大学出版社2009年版，第80-81页。

在一幅五彩织锦作品里，不同的起花的表现方式可以根据要表现对象的不同而分别使用。如画中的树叶、花朵、服饰等可用纬线浮于织锦地纹之上起花的办法来表现，而山水云纹和人物的面部、毛发等则可用缎纹的影光组织所产生的影光层次来体现。这样，大大地丰富了织锦的画面。为此，有学者评价这种织锦工艺"既有经丝显花的品种，也有纬丝显花的品种，还有经纬混用显花的品种。经丝的配置也是'两条腿走路'，既有使用综的品种，也有不使用综的品种。纬线色彩的组成方法也是双管齐下，既用长梭，也运用不同色的短跑梭来'换道'以增加色彩数量"[3]。

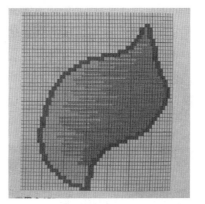

图3-10　彩色像景意匠图片段

注：来自李超杰编著《都锦生织锦》，东华大学出版社2008年版，第60页。

[3]何云菲：《论都锦生织锦艺术的特点》，《丝绸》1999年第8期。

与黑白织锦、着色织锦相比，五彩锦绣的表现力更强，就似照片本身。《西湖平湖秋月》（图3-11）的五彩锦绣，与之前的黑白织锦（图3-2）、着色织锦（图3-3)相比，其色彩的变化一目了然。它突破了传统的以平面块状表现物体的方法，实现了立体表现方法，大大提高了表现力。"纯用五彩色丝线织成，明媚鲜艳，活泼如生，所有粉本均出画家手笔，直与湖南湘绣并驾齐驱，而定价之低仅及湘绣十二，可谓物美价廉。"[4]在1929年西湖博览会中获得特等奖的《耄耋图》（又称《猫蝶图》）（图3-12），就是这种五彩织锦的典型代表。它由陈贤林设计意

[4]《西湖博览会日刊》，1929年8月18日。

图3-11　《西湖平湖秋月》五彩织锦

[1]徐铮、袁宣萍：《杭州丝绸史》，中国社会科学出版社2011年版，第151—152页。

匠，徐根生设计纹版，项征羽手工制造[1]。在光洁细腻的绸面上织出色彩绚丽的月季花和牡丹花，牡丹花傲然怒放，一只蝴蝶忽闪忽闪地飞舞，欲停非停在花朵上采花；月季花下面则蹲着一只天真、可爱的小猫，仰首观看，题字"耄耋"寓意高寿美意。

由于五彩织锦纬线的多重结构，这就要求彩色像景意匠图上每一个横格需要轧制更多张纹版，因此生产一幅五彩像景往往需要轧制成千上百张纹版。这种织物在电力织机上生产具有一定的难度，只能更多地依赖手拉机人力来织造。左右各七把梭子，手拉机脚拉手提。因此，一幅五彩织锦，至少要织好几天的工夫。但都锦生丝织厂还是创作了很多五彩织锦，如《耄耋图》的姐妹图《富贵图》、《杞菊图》、《梅雀图》、《群鹅图》、《八仙寿字》和《金谷园》等作品。

图3-12 《耄耋图》五彩织锦（都锦生织锦博物馆陈列）

织锦多采用喜庆的红、黄、绿等中国传统的暖色调，"这些色彩是传统织锦的常用色，也是都锦生织锦的主色调"[2]。其中，《群鹅图》（图3-13）根据鹅本身的色彩，以黑白丝为主，但以金线来表示鹅的红冠，使鹅的形象活灵活现、栩栩如生。《八仙寿字》（图3-14）则以红色缎面为底色，在正楷的空心"寿"字里嵌绘铁拐李、张果老、吕洞宾、韩湘子、曹国舅、汉钟离、何仙姑、蓝采和等八位仙人。据说，这八位仙人神通广大，除恶扬善，将他们绘制在寿字内，蕴含了双重美好的意思。都锦生织锦利用15种彩色纬线将不同人物的姿态

[2]刘克龙：《东方艺术之花——都锦生织锦艺术探析》，硕士学位论文，杭州师范大学，2011年，第15页。

图3-13 《群鹅图》五彩织锦

逼真、生动、传神地表现出来，图案色彩斑斓，线条细腻圆稳，突破了传统淡雅、朴素的表现手法，采用了浓艳富丽的色调，非常好地将"寿"和"仙"凝为一体。

彩色锦绣把织锦技术提高到了极致，使其丰富的表现力可与任何手工的刺绣和缂丝相媲美。后来，都锦生又尝试用棉来织五彩织锦。1930年，他聘请了一位技术人员莫济之，每月给100元工资，希望他能按照一幅法国制造的棉织油画风景，照样绘出一幅。莫济之曾留学日本，专攻丝织，技术精湛。

图3-14 《八仙寿字》五彩织锦

他花了几个月的时间，仔细分析原画，解剖原稿，制定设计方案，开始绘画意匠图。棉织油画织成后，果然与法国原稿毫无异处。这是一幅技术水平非常高的五彩棉织工艺品，它的经纬都是用各种色彩混合编织成的。为此，按照这种织锦工艺，都锦生丝织厂又设计织造了《北京北海白塔》和《西湖风景》等四幅油画感极强的棉织风景。这种产品的技术水平，不仅远远超过了其他丝织风景，甚至"比法国当时的油画风景织锦更胜一筹"[1]。都锦生将它们挂在营业所内昭告顾客。后因技术人员莫济之的离开，这种织锦工艺失传。

[1]张颖超、张明富：《实业兴邦》，浙江古籍出版社1997年版，第153页。

三、绘画织锦：名作再现工艺

之前的黑白像景织锦所表现的对象，多为风景和人物。这种黑白的设色效果，恰好与中国传统的水墨山水画艺术一脉相承。为此，都锦生开始尝试将名人、名家的书画作品作为重要的织锦题材，主要以工笔画、写意画以及以工带写的国画为表现形式，进行丝线织造。据宋崇濂[2]回忆：

[2]宋崇濂老人，宋锡九的孙子，都锦生夫人宋剑虹的堂侄子，13岁进入都锦生丝织厂当实习生。

有一次，一个客户拿了一幅山水画来拜访都锦生，希望都锦生能用丝线织出丝织风景画。由于画面复杂、需要浪费很多花版，成本太高，最后未能成行。但这件事却启发了都锦生，后来都锦生专门组织人员研究唐伯虎、沈周、沈铨等在江南颇有名气的画家的作品，并设计意匠画、轧制花版，然后批量生产。由于丝织画作织工精良、色彩艳丽，而且比纸画容易保存，所以销量很好。[3]

[3]李冈原：《东方丝王都锦生》，天津人民出版社2011年版，第184页。

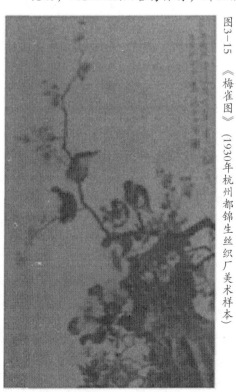

图3-15 《梅雀图》（1930年杭州都锦生丝织厂美术样本）

对绘画进行织锦创作，使织锦不但具有水墨丹青画宁静雅致的装饰效果，更具有绸缎飘逸、洒脱的独特韵味[4]。其实，早在1925年都锦生就尝试着织唐寅的画作《宫妃夜游图》，并在国际博览会中获得大奖，但当时还没有采用五彩织锦的方式进行织造。名画与摄影不同，织锦在表达时除逼真外，还得表现出画作的神韵，力求达到原画的高雅情趣和崇高意境。在五彩织锦尝试成功以后，都锦生丝织厂开始大量接触画家们的作品，把它们搬上织锦。如前面所述的《富贵图》、《耄耋图》、《杞菊图》、《梅雀图》（图3-15）就

[4]刘克龙：《东方艺术之花——都锦生织锦艺术探析》，硕士学位论文，杭州师范大学，2011年，第15页。

[1]沈周(1427-1509),明代中期文人画"吴派"的开创者,"吴门四家"之首。沈周技艺全面,功力浑朴,在师法宋元的基础上有自己的创造,他发展了文人水墨写意山水、花鸟画的表现技法,使花鸟画一步步走向简淡放逸、泼墨写意,从而完成了明代花鸟画"青藤白阳"的历史性变革。传世作品包括《仿董巨山水图》轴、《庐山高图》轴、《沧州趣图》等。引自刘克龙《东方艺术之花——都锦生织锦艺术探析》,硕士学位论文,杭州师范大学,2011年,第26页脚注。

[2]沈铨(1682-1760),字衡之,号南苹。其画远师黄筌画派,近承明代吕纪,工写花卉翎毛、走兽,以精密妍丽见长,也擅长画仕女。创"南苹派"写生画,深受日人推崇,被称为"舶来画家第一",并成为宫廷画家。传世作品包括《五伦图》、《柳阴惊禽》、《秋花狸奴图》、《盘桃双雉图》、《松鹤图》、《梅花绶带图》、《鹤群图》、《松鹿图》等。

[3]刘克龙:《东方艺术之花——都锦生织锦艺术探析》,硕士学位论文,杭州师范大学,2011年,第26页。

[4]刘克龙:《东方艺术之花——都锦生织锦艺术探析》,硕士学位论文,杭州师范大学,2011年,第27页。

[5]刘克龙:《东方艺术之花——都锦生织锦艺术探析》,硕士学位论文,杭州师范大学,2011年,第16页。

取材自杭州著名画家戴渔舟的四季图。《梅雀图》,以预示冬天的梅花开放作为背景,四只喜鹊各据一方,神态悠然自得地站在梅枝上,一幅"冬天来了春天还会远吗"的景象。整幅画面非常传神地勾勒出了戴渔舟想要表达的冬天的意境。都锦生织锦还选取著名花鸟画家张子祥的作品,来展现四季更替。在细腻洁白的锻织物上,织就了《国色天香》、《荷塘消夏》、《夜雨秋疏》、《寒窗清品》。

作为纬多重织物的彩色像景织物,除了运用色阶组织表现阴影变化外,主要通过各色纬线的浮沉显色来构成彩色的景物形态。古代的丹青艺术正是在这种织锦技艺中得以生动地再现,如唐寅、沈周[1]、文征明、仇英、沈铨[2]等明清画家的作品。取材自沈周的《飞花送酒》(图3-16)织锦画,画面中重重叠叠、高耸入云的层峦叠嶂,层层雾气和白云在山峦中飘荡,蔼蔼的山石和青青的野松在云烟缭绕中显得分外突出,山涧一汪平静的溪流,自有一股飘然的出尘之气。在广阔的天地之间,两人在高山云海间徐徐行进,为静止的画面增添了无限生机,颇有"飘飘天地间"的高雅意境[3]。有人评价,"和原画相比,都锦生织锦少了一些硬朗之

图3-16 《飞花送酒》织锦画

气,但轻柔洒脱之间,却更为写意地织出了原画的淡然和出尘之气,别具质感"[4]。而沈铨的《五伦图》(图3-17)织锦画所描绘的动物同样给人带来非同寻常的艺术享受。《五伦图》由一些寓意美好、长寿、幸福的动物组成,有艳美的孔雀、引吭高歌的仙鹤、白色的流莺和亲密的鸳鸯。它们成双成对地出现在同一个画面中,呈现出一派生机勃勃、活泼可爱的和谐景象,给人以一种温馨、丰满的感觉。织锦的设色、构图都很好地继承了画家的画作,把红、

图3-17 《五伦图》织锦画

绿、黄、黑、白、灰等颜色配合得丰富而不繁杂,"可以说是都锦生织锦美学风格的代表之作"[5]。

四、实用织锦:生活化工艺

如何使织锦既具审美情趣,又有一定的实用价值,是困扰都锦生和都锦生丝织厂的一个难题。在创作五彩织锦时,都锦生丝织厂成功地设计出了丝织台毯、坐垫,以拓展丝织产品的实用性。但由于当时五彩织锦技术

还不发达，丝织厂的主攻方向为五彩织锦画，因此台毯、坐垫等实用织锦没有被充分研发。后来在南京考察时，都锦生看到了著名的云锦台毯，云锦的图案和色彩非常的漂亮。为此，都锦生回到杭州后和技术人员共同研究，准备制造一种高级产品——五彩台毯，画面以古色古香的民族特色为主。不久，一幅新颖的五彩台毯《明皇夜游》织成了，它将国画艺术与装饰艺术、生活艺术融合在了一起，图案式的人物和风景花卉光彩夺目，细腻均匀，质量远远超过了南京的云锦。问世之后，受到人们的广泛赞许，销路一路攀升[1]。

为此，实用织锦成为都锦生织锦的又一重要发展方向。它们也隶属于五彩织锦，只是结构由2经多纬减少为1经3纬，一组纬线和经线交织成地组织，另外两组纬线在地组织上起花，不起花的纬线在织物的反面和地组织交织[2]。实用织锦的种类还包括提袋、绸扇、靠垫、床罩等织物产品。其中，手袋的原料是缭绫的边角料，然后设计上一些花卉图案，不但没有浪费原材料，还增加了产品。都恒云女士捐赠给都锦生织锦博物馆的织锦手袋（图3-18），将《群鹅图》织在了上面，既美观又实用。这类产品深受国内外顾客的青睐，"诚可谓丝织业中之别开生面者也"[3]。

"随着外国人造丝的输入，国内经济的发展日渐衰落，工厂大量倒闭，工人纷纷失业，居民购买力急剧下降。"[4]调查显示："自民国元年至十六年，绸厂营业蒸蒸日上，各厂无不盈余。十六年以后，社会经济忽现紧张，百业俱感困难，丝绸业尤先受其影响。十七八两年纷纷停业。"[5]在这种情况下，都锦生丝织厂除极力提高丝织风景的

图3-18 织锦手袋
（都锦生织锦博物馆陈列）

技艺、塑造主打品牌以外，开始在日用品方面寻找新的出路，从以前单一的中高档消费品向日用品方向拓展，试着织造内衣布、翻领衫和内裤、西装、领带、衬衫等服用织锦产品。《十八年份杭州市经济统计》中提到，都锦生丝织厂当年就生产运动衣5000件。"先用经纬密度较高的天然丝织成各式各样的图案画，再用这种真丝制成西装、衬衫和领带，这样织出来的服饰不仅色泽艳丽、外观高雅，而且质量优良，不起褶皱，精致的织造技艺和优良的质量，使这些产品一经推出，便受到消费者的极度喜爱，产品销量一直良好。"[6]到1930年都锦生丝织厂生产衬衫、内衣730打，合计8640件[7]。据《西湖博览会日刊》介绍："近年来国人穿西装者日众，以其便于做事也，然其所用之领带、衬衫等，多仰给外人，该厂（都锦生丝织厂）有鉴于斯，故兼织领带、衬衫……且价廉物美，远胜外货，力求精

[1]李冈原：《东方丝王都锦生》，天津人民出版社2011年版，第141页。

[2]李超杰编著：《都锦生织锦》，东华大学出版社2008年版，第60页。

[3]魏颂唐等编：《杭州市经济之一瞥》，浙江财务人员养成所出版1932年版，第54页。

[4]李冈原：《东方丝王都锦生》，天津人民出版社2011年版，第138页。

[5]建设委员会调查浙江经济所编：《杭州市经济调查》，载民国浙江史研究中心、杭州师范大学选编《民国浙江史料辑刊（第一辑）》第6册，建设委员会调查浙江经济所1932年版，第48页。

[6]李冈原：《东方丝王都锦生》，天津人民出版社2011年版，第138-139页。

[7]杭州市政府社会科：《杭州市十九年份社会经济统计概要》，1931年，第14页。

[1]《西湖博览会日刊》，1929年8月25日。

良，质地细密，光泽不变……均用天然丝织成，亦甚耐用，较外货之掺用人造丝者，不可同日而语矣。"[1]因这类产品的利润不及丝织品优厚，后来这类品种逐步减产，直到新中国成立前的最后停产。

第三节　都锦生织锦的贸易

[2]中共都锦生丝织厂委员会、杭州大学历史系编：《都锦生丝织厂》，浙江人民出版社1961年版，第20—21页。

都锦生织锦产品以东北市场的份额最大，占到全厂总销售量的三分之二[2]，1926年秋，北伐战争开始，都锦生织锦的东北销路开始受到影响。1927年秋天，丝织厂突然接到华北来的一笔订单，为数较大，这使得当时丝织厂的存货销出不少。事后才得知，原来华北的一些旅馆、饭店，每个房间都要布置油画、照片之类作为装饰品，而且每年必须更换一次。他们发现都锦生丝织风景画既别致又新颖，可以代替别的纸画、油画装饰品，就大量采购，这成为丝织厂营业好转的一个关键，给丝织厂带来了新的契机。都锦生织锦也很快成为"东北地区和华北地区一些旅社、饭店的室内装饰品"[3]。

[3]吴广义、范新宇：《中国民族资本家列传》，广东人民出版社1999年版，第298页。

一、织锦的销路拓展

[4]《本市政府第四科工商业登记表》，《杭州市政月刊》1928年第4期，第50页。

[5]李冈原：《东方丝王都锦生》，天津人民出版社2011年版，第134页。

虽然当时国内战事不断，丝织风景画是奢侈品，但都锦生织锦仍供不应求，一度热销。杭州花市路的销售店面按照条例登记，在1928年的资本总额达到1000大洋[4]，而当时登记的总户数为8738户，其中在1000元以下的工商户占到84.1%[5]，由此可见，单单都锦生丝织厂的一个门店的资本在杭州市工商业中就属于中上等水平。

到1931年，都锦生丝织厂在杭州、上海、北平（北京）、南京(新街口)、重庆(小梁子)、汉口、广州、香港(皇后大道)等地设立了门市部13处，这些地理位置往往很繁华。都锦生每年总要出门二三次，到各门市部查看账目，清点存货，了解情况。据都锦生丝织厂的员工汤焕然回忆，丝织厂虽然规模不是特别大，资金也不多，但产品特殊、各地门市部多、广告做得好、交往方式也特殊(以外销为主)，所以名气非常响亮。更何况都锦生丝织厂一般选择那些工商经济发达的城市，并在交通方便、客流量较大的黄金路段开设营业所。如上海总行在北四川路811号，在蓬路南首，靠近邮政总局附近，电车、公共汽车皆可直达，交通方便；而杭州营业所的地址则在新市场花市路69号，在西湖边的湖滨公园旁边，是当时杭州最热闹的路段。广州的营业所则在最繁华的永汉北路104号。正因如此，都锦生织锦的知名度和影响力才不断扩大，营业额不断上升。就上海而言，上海的各大宾馆、饭店，如国际饭店、衡山饭店（在法租界）、百老汇饭店、和平饭店等都设有都锦生丝织厂的产品摊位，南京西路开纳公司也有专柜，另外在百老汇大厦、外白渡桥也有代销点。

为了确保自己的产品与其他产品的区别，1929年3月，都锦生丝织厂以自己的英文名字缩写的TCS注册为商标（图3-19）。都锦生的儿子都其迈介绍说：

图3-19 都锦生织锦的注册商标

> 商标是都锦生三个字英文字的头一个字。一个大框框是C，是锦，中间一个T是都，S是生，都锦生那么一个商标，这个不是现在汉语拼音字的（缩写），是英语的拼音。[1]

据统计，当时我国的丝织产品注册商标的只有93件，比外国丝织品商标在我国注册数量还少，只占到全部纺织品商标总数的4.28%[2]。

为了起到宣传的作用，都锦生丝织厂还专门制作美术样本，将自己出产的各种织锦工艺品罗列成册，向社会推广。1930年设计的美术样本（图3-20），在扉页（图3-21）上印着创办人都锦生本人的照片，说明文字是中英文对照。前言是都锦生本人撰写的创业经过，并对都锦生产品的优点加以简要介绍，接着是都锦生丝织厂"征求各地名胜照片，用制丝织底样"的广告，及为社会各界提供"定织照像"的价目表。如：定织15寸、10寸之照片，以100张起织，原价每幅2元4角，另加手续费洋100元；200张以上，另加手续费洋50元；300张以上，手续费免加。定织10寸、7寸之照片，以200张起织，原价每幅1元2角，另加手续费洋100元；400张以上，另加手续费洋50元；500张以上，手续费免加。定织底片，须择最近4寸或8寸光线清晰之照片，方可制织[3]。都锦生把公司在上海的总行、杭州的杭行以及广州粤行的门面照片也印在样本上，并注明地址、电话和交通路线，然后是都锦生丝织画获得美国费城世界博览会金奖章的照片，说明其产品在国际上的地位，最后是都锦生丝织厂出产的各种织锦工艺画，有风景照相、人物肖像、绘画作品等等，一一罗列，并在每幅织锦旁加上中英文对照的品名、尺寸和价格，有些还在旁边对风景画的内容加以简要说明。此类美术样本的发行，使顾客能在短时间内很好地了解都锦生丝织厂和他们

[1]都其迈口述，《百年商海：东方丝魂"都锦生"》纪录片，2005年。

[2]李冈原：《东方丝王都锦生》，天津人民出版社2011年版，第155页。

[3]李冈原：《东方丝王都锦生》，天津人民出版社2011年版，第161页。

图3-20 1930年的《美术样本》

图3-21 《美术样本》扉页

生产的织锦的特色。

此外，都锦生丝织厂还利用产品的包装（图3-22）、报刊广告等，

[1]上海总商会出版:《商业月报》,1928年第8卷第2号。

[2]上海总商会出版:《商业月报》,1929年第9卷第8号。

[3]杭州商业会社编印:《杭州商业名录》,1931年,第106页。

[4]上海总商会出版:《商业月报》,1928年第8卷第2号。

[5]袁宣萍:《西湖织锦》,杭州出版社2005年版,第112-113页。

向社会各界传递本厂生产的一切信息。如在广告中指出"卧室、客堂、舞场、影场、旅馆里点缀了都锦生的丝织风景包管室雅宜人、满目新鲜"[1],"美术上重要出品,凡属送礼、装潢均乐购用也"[2],"都锦生丝织风景——送礼、装潢、旅游纪念首推礼品"[3]的标语等等。都锦生丝织厂提出自己的主打产品为:美术丝织风景、精致西装领带和艳雅夹洁薄绸制作[4]。当时的《杭州民国日报》、《浙江商报》、《浙江商务》、《新闻周报》、《商业月报》(图3-23)、《工商半月刊》等各大媒体上都刊登过都锦生丝织厂的产品广告,甚至在《杭州市政月刊》上也刊登过他们的广告。一般用醒目的字体首先标出"都锦生丝织厂"的厂名,或"都锦生丝织礼品"、"美术化的装潢品"等字样,然后是一张本厂出品的丝织风景画的照片,并加上都锦生丝织厂的产品种类、各分行的地址与电话等[5]。与同时期的业内同人相比,都锦生织锦的广告更注重画面的美感和足够大的信息量。画面既有美丽的风景图案,也有迷人的妙龄女郎(图3-24),还有生动的文字叙述,以及产品种类、销售地址、联系电话等推广方式,向广告接收者提供了充足的信息。

图3-22 都锦生丝织厂的广告包装纸

图3-23 1928年《商业月报》第2期

都锦生丝织厂还向社会有偿征求各地名胜风景照片:应征之照片以7寸、10寸或10寸、15寸者为限,并须说明名胜所在地址,能加详细说明尤佳;应征之照片经审定取用者,酌致酬资,自1元至10元不等,每种并赠织

图3-24 都锦生丝织厂的广告

片一张，不合者退还[1]。与此同时，都锦生丝织厂还把自己的产品免费送给明星使用，以提高产品曝光率，增强宣传效果。据都锦生丝织厂老艺人宋崇濂介绍：当时的著名演员周璇、胡蝶等都经常来购买都锦生的产品，有一次周璇来买了一幅《并蒂莲》，并用镜框裱好，上书敬赠严华，落款周璇，一时间《并蒂莲》丝织画竟供不应求，可见名人效应所带来的促销力度。

[1]李冈原：《东方丝王都锦生》，天津人民出版社2011年版，第167页。

图3-25 宫妃夜游图
（都锦生织锦博物馆藏）

二、都锦生织锦走出国门：扬名博览会

都锦生早在1926年就响应浙江实业厅"转知费城开万国展览会迅即筹备精选物品运送比较"的号召，选送了一批彩色丝织风景送到美国费城博览会参加展出。这批织锦以其高超的艺术技巧和表现力，获得了与会者的一致赞扬，其中由胡邦汉、罗毅创作的《宫妃夜游图》（图3-25）获得了博览会的金质

图3-26 费城博览会金奖
（都锦生织锦博物馆藏）

奖章（图3-26），这是中国织锦在国际上第一次获得金奖，使得中国的民族工业产品在博览会上大放异彩。《宫妃夜游图》以明朝唐伯虎的侍女画作为基础，并配以"融融温暖香机体，牡丹芍药都难比；钗垂宝髻甚娇羞，花雪飞散青霄里"的诗句，将现代色彩和技术与古典画作相结合，传神地表达出了宫妃的婀娜多姿。这次获奖，使得都锦生织锦名扬海外，刮起了织锦的抢购风潮。据汤焕然回忆：

> 每天都要往外发送大量邮包，发往世界各地的都有，主要是新加坡、印度尼西亚、香港、澳门等地，此外德、法、美、英、意大利等国的也不少。都锦生各地的代销店点，包括丝绸出口公司，每天也都有好几个邮包发到海外，产品以外国人欣赏的丝绸风景为主[2]。

都锦生丝织厂在其他厂家还在国内竞争之际，就开始把眼光和产品放在海外销售方面了。年轻的都锦生丝织厂一跃成为杭州、浙江丝织业的翘楚。

浙江省政府为了发展本国实业，1924年7月曾在浙江军务善后总督卢永祥、省长张载阳建议下，准备举办西湖博览会，后因江浙战争爆发而流

[2]李冈原：《东方丝王都锦生》，天津人民出版社2011年版，第192页。

产。1927年，张人杰出任浙江省主席，决定举办一次大规模的博览会来摆脱经济拮据的窘境，促进地方产业和文化的发展。会议的宗旨是：提倡国货，奖励实业，振兴文化。经过8个月的筹备工作，1929年6月6日，首届西湖博览会在杭州开幕。博览会场地面积5平方公里，包括内西湖全部和断桥至西泠桥一带。以宝石山、葛岭为屏障，以白堤、断桥、锦带桥、西泠桥为羽卫，博览会的大门设在断桥堍。为方便葛岭与白堤间观众的来往，在孤山放鹤亭到对岸招贤寺的内西湖上还专门建了一座"博览会桥"，该桥全长194米，用34排木桩做桥基，桥面建有三亭，中间大两边小，设座筑栏，供人歇息[1]。"全国有22个省市的工商企业前来参展，全部展品计14.76万件，观众人数达2000余万人。"[2]据当时的《申报》描述："无日不是数十万人到会来参观，你来我去，川流不息。"[3]美国、英国、日本、朝鲜、万隆等国家亦组织考察团前来考察、洽谈业务。杭州的一些老字号，如胡庆余堂中药、王星记扇子、张小泉剪刀、都锦生织锦等都受到了热烈的欢迎。

博览会设有八馆二所三室，分别为革命纪念馆、博物馆、艺术馆、农业馆、教育馆、卫生馆、丝绸馆、工业馆、特种陈列所、参考陈列所、铁

[1]袁宣萍：《西湖织锦》，杭州出版社2005年版，第101-102页。

[2]袁宣萍：《西湖织锦》，杭州出版社2005年版，第101页。

[3]《申报》，1926年6月13日。

[4]《西湖博览会与丝绸业之前途》，1929年，http://www.chinasilkcity.com/sik/list1.asp?id=5086&type=4。

图3-27 西湖博览会丝绸馆大门
（西湖博览会博物馆陈列）

路陈列室、航空陈列室和电信陈列室。其中丝绸馆（图3-27）规模最大，作为国货产品，受到了特别关注和推崇。丝绸馆内又分设六部：（子）丝茧部，（丑）纺丝部，（寅）绸缎部，（卯）服装部，（辰）装饰织物部，（巳）统计部[4]。在绸缎部开辟出各厂陈列室，为13家著名的厂家陈列产品，其中包括杭州的纬成公司、天章缂织厂、都锦生丝织厂、袁震和丝织厂、震旦公司、虎林公司等。据《西湖博览会总报告书》第五章《馆内概括》介绍，"都锦生丝织厂陈列室在严庄系部洋房第二室，与天章、袁震和比邻，陈列出品十余件，均系丝织

图3-28 杭州都锦生丝织厂在丝绸馆内的陈列室
（都锦生织锦博物馆陈列）

风景及丝织画条"[1]。都锦生丝织厂将陈列室（图3-28）"装潢成一美术客厅。中置台凳，四壁悬挂本厂丝织风景，五彩锦绣，美丽堂皇，使人提高美术思想"[2]。这种产品陈列方式，非常直观，让参观者油然而生购买织锦的欲望。正如都锦生本人在产品说明中所言，"本厂各种出品，制织力求精良，质地细密，光泽不变。若丝织风景五彩锦绣，以之装潢室内，虽历时数十年，亦不易损坏，其持久耐用为何如耶"[3]。为此，都锦生的参赛标语为："丝织风景，为最高尚之礼品；公共俱乐场所，请用丝织风景。"

由于丝织风景画的精湛技艺，都锦生织锦在西湖博览会上广受赞誉。《西湖博览会日刊》报道"都锦生丝织赛湘绣"、"都锦生出品远胜舶来"，并称赞都锦生丝织锦绣"纯用五彩色丝织成，明媚鲜艳，活泼如生，直与湖南湘绣并驾齐驱，厅堂悬挂，书房点缀，兰闺赏玩，均极优雅宜人"[4]。在这次博览会上，都锦生丝织厂生产的织锦领带、西装等产品也大放光彩。虽然他们不是专门生产领带的厂家，但因为其产品精湛的技艺和富于工艺化的造型而受到肯定，"印花与织花各式皆备，图案新颖、色泽尚佳，当为一般着西装者所乐用"[5]。但由于这批领带成本较高，价格偏贵，因此评委会希望能平价出售，如此则销路更广，此为后话。

在审定委员会对展品进行评定，以资奖励中，都锦生丝织厂的五彩织锦《耄耋图》获得了西博会特等奖，而织锦领带则获优异奖。正如《西湖博览会与丝绸业之前途》中所分析的，"风景织物，在吾国亦为新创事业。其出品虽甚廉美；其销路尚未扩张。本届丝绸馆为特设专部以资提倡，以广宣传。使出品者因博览会之鼓励，而精益求精；使参观者因博览会之陈列，而藉资鉴赏。此足以影响于未来风景织物之前途者"[6]。第一届西湖博览会到10月10日闭幕，历时127天。通过此次博览会，都锦生的丝织产品更为国内外人所知，销路进一步打开。

博览会的召开，不仅推广了都锦生丝织厂现有的丝织风景和领带、西装等物件，都锦生丝织厂更是为此次博览会专门赶制了《西湖博览会桥》

图3-29　《西湖博览会桥》织锦的意匠图
（西湖博览会博物馆陈列）

的意匠图（图3-29），并把它织成丝织风景像（图3-30），一方面见证了这一盛会，宣传了这一盛会，同时也为今天研究西湖博览会的召开提供了重要的图片依据。这座桥在博览会结束以后依旧保留着，但由于木桥经不起风雨的侵蚀和战争的破坏，在1942年已被拆除。与西湖博览会桥有相同命运的还有当时同样为配合西湖博览会而建立的戚继光纪念塔。由于塔

[1]李冈原：《东方丝王都锦生》，天津人民出版社2011年版，第158页。

[2]袁宣萍：《西湖织锦》，杭州出版社2005年版，第111-112页。

[3]袁宣萍：《西湖织锦》，杭州出版社2005年版，第111页。

[4]西湖博览会编印：《西湖博览会日刊》1929年8月18日。

[5]《西湖博览会总报告书》，第117页。

[6]《西湖博览会与丝绸业之前途》，1929年，http://www.chinasilkcity.com/silk/list1.asp?id=5086&type=4。

图 3-30　《西湖博览会桥》织锦
（西湖博览会博物馆藏）

[1] 徐铮、袁宣萍：《杭州像景》，苏州大学出版社2009年版，第52页。

[2] 这幅织锦被取名为《西湖戚继光纪念塔》，而塔名由"劝农塔"改为"戚继光纪念塔"是在1932年"淞沪会战"后，故现存的这幅织锦不应该是李冈原在其《东方丝王都锦生》一书统计表中所归纳的是1929年西湖博览会时的作品，而应该是30—50年代的作品。

[3] 金普森主编：《浙江企业史研究》，杭州大学出版社1991年版，第171-176页。该调查原件藏于中国第二历史档案馆，案卷号2045。

的位置这里当时是农展馆，因此，建成时取名为"劝农塔"，塔身高约30米，内圆外方[1]。博览会后，为了表示1932年抗日的决心，将其改名为戚继光纪念塔。1957年夏在"破四旧"运动中该塔被拆除。如今很难找寻到有关此纪念塔的一些影像资料，只能在《西湖戚继光纪念塔》织锦（图3-31）[2]中，依稀看到当时的情形。

图3-31　《西湖戚继光纪念塔》织锦

一座四层的灰白色的水泥塔矗立于湖面上，在顶层观光台上设有围栏，塔底由几只铁牛环绕。

通过博览会，都锦生织锦的畅销地为英、美、法等国及南洋各地，销数本埠12000块，外埠40000块[3]。其中，外销数占总销量的76.9%，是内销的3.3倍。另据都锦生丝织厂老职工汤焕然回忆，都锦生织锦产品以外销为主，产品销往世界各地，主要有新加坡、印度尼西亚、香港、澳门等地，此外德、法、美、英、意大利等国的也不少。这些都充分说明了其国际化线路的成功开拓。

第四章　都锦生织锦的日渐衰退
（1932—1949）

正当都锦生和他的都锦生织锦生产呈现出一片繁荣景象时，世界经济危机进一步加剧和扩散。日本军国主义在中国大地上发动了震惊中外的"九一八"事变，国民党政府抱着不抵抗主义，东北三省全部沦陷，华北也处于危难之中。在这危急时刻，全国的丝绸市场受到重创，浙江的丝绸业岌岌不可终日，绸厂的经营更是如此，"最盛时百余家，今则五十余家……即使规模宏大基础稳固之纬成公司，今亦一蹶不振，其他勉强支撑门面者亦外强中干耳"[1]。都锦生丝织厂在这样的环境下，也只能勉强度日，甚至一度停产。

第一节　都锦生丝织厂的艰难度日

都锦生丝织厂一直以来获利丰厚，但它并不太注重积累资金。在资金多余时，就增加固定的设备，以扩大生产，一旦形势发生变化，生产增加，营业下降，部分流动资金就会成为大量的存货，从而造成工厂资金吃紧、缺少周转的尴尬局面。这种情况在战乱时期表现得尤为明显和突出。

由于日本侵华战争，为表达都锦生丝织厂全厂工人抗日的坚强决心，都锦生和职工们一起在外墙上贴出了许多大幅标语，如"宁为玉碎，不为瓦全"，"愿做刀下鬼，勿做亡国奴"，"抵制日货，可致日本鬼子的死路"等，并且决定立即停止购买日产的人造丝，改用意大利和法国的产品来代替[2]。随着购买力的降低，营业额急剧下降，丝织厂的生产出现了"时续时停，每天只开工六小时"[3]的状况。1932年，日军在上海发动了"一·二八"事变，都锦生在上海的分厂损失惨重，18台织机全部被毁，生产被迫停止。为此，都锦生不得不调整经营策略，首先就是缩减开支，职员们的四个月奖金从1932年开始暂时取消；而对于如技术人员莫济之[1]这

[1]陈宝经：《江浙丝茧业衰落之原因及其救济》，《财政经济会刊》1932年第6期。

[2]宋永基：《都锦生丝织厂的回忆》，政协浙江省文史资料研究委员会编：《浙江文史资料选辑》第10辑，浙江人民出版社1978年版，第136页。

[3]中共都锦生丝织厂委员会、杭州大学历史系编著：《都锦生丝织厂》，浙江人民出版社1961年版，第24页。

[1]李冈原:《东方丝王都锦生》,天津人民出版社2011年版,第204页。

样的人才,即便爱才,都锦生也只能将他的工资从100元减到70元,以维持丝织厂的正常运作。1935年,随着丝绸市场的逐渐好转,杭州的丝绸业也得到了一定的恢复。这在都锦生丝织厂1935年前后的产值上(表4-1)有明显的体现。虽然和1931年都锦生丝织厂最繁华时候的产值无法比及,但与1932年的产值59000元相比,1935年的产值85000元,有了很大的提高,提花机比1931年还多了14张。然而都锦生丝织厂从1934年开始,每年都要向银行贷款,以应对丝织厂正常生产的周转,"这是从1927年以来没有过的事"[2]。

[2]宋永基:《都锦生丝织厂的回忆》,政协浙江省文史资料研究委员会编:《浙江文史资料选辑》第10辑,浙江人民出版社1978年版,第137页。

表4-1 都锦生丝织厂1927-1949年的基本情况

年代	产量	产值	设备	工人数
1927			手拉机68台、轧花机5台、电力机4台	意匠8人、职工130-140人
1928	资本额1万元			工人31名
1929	丝织风景3万张;丝织品160匹;运动衣5000件	38000元		男33人,女6人
1930	丝织风景52000张;衬衫内衣720打	59000元		男45人,女17人
1931	丝织风景50400尺	150000元	提花机36张	职员25人,男女工人61人
1932	丝织风景5200张;衬衫内衣720打	59000元		男45人,女17人
1935	丝织风景屏及照相约12000张	85000元	提花机50张	男女工人共80名
1949	台毯143条、靠垫760只,风景或伟人像3702平方米,绸伞1333把	38000元	手拉机34台(开动的17台),西洋纡车20锭	男女工人47名

资料来源:《都锦生丝织厂史料》(讨论稿)上篇,第7页;杭州市政府社会科编印:《杭州市二十一年份社会经济统计概要》,1933年,第25-26页。

　　1937年7月7日,日本帝国主义突然进攻卢沟桥,开始大举进攻中国,而国民政府仍然不战而退,迁都重庆,这使得中国的大片土地被日本帝国主义肆意践踏,民族工业遭到了严重的摧残。在这危难时刻,都锦生丝织厂8月底宣布全厂停工,工人与职员全部解散,只留三位职员暂管厂房。同时,都锦生借庇于租界,在上海法租界继续进行小规模生产,以迎合上海及广州对产品的需求。随后,都锦生向挚友借钱,价值4万元,在上海西区租了一块约3亩的空地,建造厂房。他将杭州的手拉机20台及大部分的花版运至上海;加上之前运到法租界12台手拉机,一共32台,之前的设计人员和工人又被召集在一起,继续生产。基于丝织风景中的双经生产工艺在上海无法织出来,所以从那时起,丝织风景改为生丝(单根丝)做经头。这样,虽然丝织风景的成本减少了,但事实上质量也比之前的差了很多。鉴于"丝织风景究竟不是实用品,可有可无;出品贸易已告中断,困难的日子又来临了"[3]。1939年传来噩耗,留在杭州艮山门还没有来得及迁走的织机、电力机等设备和花版、意匠图等全部被日军烧毁,三个工厂被烧个精光,许多优秀作品和技艺从此失传。为防止日寇滋扰事端,都锦生干脆把上海的新厂更名为"锦记丝织厂",厂址就设在静安寺路卡德路。[1]都锦生

[3]宋永基:《都锦生丝织厂的回忆》,政协浙江省文史资料研究委员会编:《浙江文史资料选辑》第10辑,浙江人民出版社1978年版,第137页。

丝织厂在生产上逐渐恢复过去生产的花色品种，但由于上海的形势也趋于恶劣，并没有给工厂带来更好的效益。当时的一些厂因为没有生丝货源而无法生产，倒闭；也有一些厂放弃生产丝绸改为做生丝贸易，变得富裕。都恒云回忆说：

> 好多人劝我父亲（都锦生），囤一点生丝吧，可以谋取暴利，另外钱庄也给我父亲送去空白的折子，都被我父亲拒绝了，我父亲他说我不发国难财。我觉得很不容易的，为什么我记得很清楚呢，他有一些朋友啊，因为走这条路了，衣食住行啊，都比我们强，但是我父亲和他们相处之间，根本一点都不动摇。[2]

1941年太平洋战争爆发，上海租界也为日寇所占领。在这国际形势突变中，都锦生丝织厂已无法继续生产，只好委托刘清士与工人们谈判协商停产、解雇的条件；而都锦生本人则亲自与上海门市部的职员谈判解雇的条件，并允诺离厂后，工人们仍能拿70%的津贴。其中"一个叫朱伯康的职员，与他（都锦生）争得面红耳赤。他还从来没有遇到过职员当面对他批评过，所以气得喘不过气来"[3]。当时中国处于内忧外患的情况下，尽管都锦生想方设法，勉力维持，也无法挽救衰退的必然趋势。都锦生的儿子都其迈在回忆这一段日子时，是这样说的：

> 太平洋战争爆发，租界都被日本人占领了，根本买卖也做不成了，那个时候谁来买这些东西啊，装饰品什么的，可以说已经走到了尽头了一样，但是给我的体会啊，他（都锦生）还是存了很大的希望，希望抗日战争以后，开个职业学校啊，（这些）都是那个时候跟我们说的，每天晚上我们兄弟姐妹坐一圈，他呢，在中间讲这些理想，和我舅舅（宋永基）讨论股份公司怎么办。[4]

1943年都锦生病故，宋永基接管工厂。据宋永基本人回忆，"当时都锦生厂的资金已枯竭，面临破产的地步"。为了继续维持工厂，首先要恢复生产，否则等于坐以待毙。为此，工厂一方面向两家银行短期贷款，投入生产织锦缎衣料；另一方面将都锦生生前购置的杭州孝女路的3亩空地卖掉，用于生产和偿还银行的信贷。但是，当时"织好一批锦缎，到市场去卖，所得货价，除支付工资外，只能进回一半原料。幸而一家领带公司，订购我厂织的领带缎。所以一面结束织锦缎，一面生产领带缎。虽然稍有盈余，可是难关仍未过去"[5]。

到了1944年战事明朗化，各地的丝织风景批发户陆续开始添货，为了紧缩开支，宋永基又将上海霞飞路——现在的淮海中路——的门市部出租与他人，所得的资金用于生产周转。由于丝织风景的实用性小，销路并不如前，所以宋永基调整思路，"改产织锦缎衣料和领带缎"[6]，这保证了战时的销量。由于当时市场混乱，物价飞涨，为此，宋永基和工人们协商，"如按物价指数计算，增加工资，厂里负担有困难；提出了一个折中的办法，要求工人谅解，共维危局"。工人表示，"你先提出加工资的事，而

[1] 李冈原：《东方丝王都锦生》，天津人民出版社2011年版，第226页。

[2] 都恒云口述，《百年商海：东方丝魂"都锦生"》纪录片，2005年。

[3] 宋永基：《都锦生丝织厂的回忆》，政协浙江省文史资料研究委员会编：《浙江文史资料选辑》第10辑，浙江人民出版社1978年版，第138页。

[4] 都其迈口述，《百年商海：东方丝魂"都锦生"》纪录片，2005年。

[5] 宋永基：《都锦生丝织厂的回忆》，政协浙江省文史资料研究委员会编：《浙江文史资料选辑》第10辑，浙江人民出版社1978年版，第139页。

[6] 谢牧、吴永良：《中国的老字号》，经济时报出版社1988年版，第141页。

[1] 宋永基:《都锦生丝织厂的回忆》,政协浙江省文史资料研究委员会编:《浙江文史资料选辑》第10辑,浙江人民出版社1978年版,第140页。

[2] 宋永基:《都锦生丝织厂的回忆》,政协浙江省文史资料研究委员会编:《浙江文史资料选辑》第10辑,浙江人民出版社1978年版,第140页。

厂里确实有困难,只有你有决心,把厂里生产搞好,我们也谅解你的情况,同意这样办"[1]。

就这样,在1945年抗战胜利后,丝织厂在上海复业。因"伪法币信用扫地,遂改用金元券代替伪法币。谁知发行仅半年,又因通货恶性膨胀,金元券宣告贬值,信用又复扫地。引起市场的再度混乱,物价再度上升"[2]。都锦生丝织厂靠借债度日,东还西借,每日忙于"调头寸"。1948年,将上海租地造屋的厂房出卖,全厂迁回杭州艮山门外原址,并请刘清士与工人协商将厂房机器等均迁回杭州生产。以部分机台织七丈绉,部分机台织丝织风景及五彩国画,小规模生产,勉强营业。

第二节　都锦生织锦在灾难中的绽放

虽然从1931年开始民族蚕丝业、丝绸业随着局势进入了动荡时期,都锦生丝织厂也在颠簸中艰难生存,但这丝毫没有影响到都锦生织锦的创新和拓展。风景织锦除了表现西湖风光外,延续20年代的创作思路,继续将国内外著名的景色作为表现题材,织在织锦上。除了北京的万寿山全景、万里长城、苏州的虎丘全景、镇江金山、洛阳北陵、庐山瀑布以外,又拓展了黄山、峨眉山、福星阁、厦门琵琶舟、辽宁北陵、广东潮州、南京六朝松、苏州园林、上海等地的风光。

一、织锦原料:土丝、厂丝和人造丝

[3] 徐铮、袁宣萍:《杭州像景》,苏州大学出版社2009年版,第13页。

[4] 徐铮、袁宣萍:《杭州像景》,苏州大学出版社2009年版,第14页。

[5] 徐铮、袁宣萍:《杭州丝绸史》,中国社会科学出版社2011年版,第123页。

织锦工艺的出现和发展往往和其原料蚕丝有密不可分的关系。浙江作为桑蚕历史最为悠久的省份之一,传统的土丝一直远销国外,是省内重要的经济来源。但随着丝织业工业化的发展,织机进行改良的同时,土丝的"条分不匀,或粗或细,线支多病,质脆易断,常杂乱头,扎缚不合,丝纹错乱"[3]的缺点,越来越突出,无法适应半机械化、机械化织机的生产。为了提高产量,获得高额利润,新颖的丝织原料需求量大增。以前的土种土丝原料被良种土丝、良种厂丝所替代。最初仅限于织花式绸缎,后来生货织物厂用得越来越多。到1934年时,杭州丝织业所用原料厂丝的比例超过三分之一[4]。当时所用的厂丝是用改良桑蚕中的蚕结成的白桑蚕鲜茧,在烘焙以后,由缫丝厂缫成的桑白厂丝[5]。都锦生丝织厂平均每年都要从本地购买这种优良的土丝、厂丝840斤左右,用于织锦生产。为了批量生产,都锦生丝织厂还大量购买了另一种原料——人造丝。人造丝是植物性纤维经过化学加工再造出来的长纤维,因其性状类似蚕丝而得名。早在清末时,就已经有少量传入中国。1924年,人造丝开始进入浙江市场,价格相对厂丝而言较低廉,因此对本地的蚕丝业产生了巨大冲击,丝绸行会还专门对此进行了论战,是否在丝绸生产中加入人造丝。随着维成公司在织锦生产

中掺用人造丝，获得高额利润后，各大丝绸公司在生产中也开始尝试运用这种人造丝。到1931年，杭州丝绸业从日本、意大利、荷兰等国进口大量的人造丝，人造丝输入总值约600万元，占到杭州市丝绸业全部营业额的三分之一[1]。都锦生丝织厂每年也要从美国、意大利、日本进口3000磅左右的人造丝。

在织造五彩织锦的时候，为了保证织线的光泽和亮度，但又要节省成本，都锦生织锦的经线基本采用本地的良种土丝。鉴于这种土丝很硬而且没有光泽，都锦生和其他工人就想办法给丝线加磷，把胶质拔掉，这样丝线就有了光泽。织锦所用的纬线则沿用价格相对便宜的日本产的人造丝。为了摆脱丝织业日渐衰落的局面，都锦生甚至东渡日本考察，希望借鉴日本人的技术，以促进民族工业的发展。

在日军侵华以后，为了对日寇发出强烈的反抗口号，都锦生抵制日货，停购日产人造丝，宁愿购买价格稍高的法国、意大利人造丝产品。另一方面，由于日军的侵略，我国的生丝外销困难重重，蚕茧价格迅速下降。据统计，1930年每担茧价还高达66元，1931年平均每担茧价就下跌到55元，1932年更是跌到每担32元[2]。即使是规模宏大基础稳固之纬成公司，亦一蹶不振[3]。这样一来，都锦生织锦的原料供应出现了很大的问题，需要大量的资金购买原料，严重影响到了织锦的生产。都锦生传统的双经生产工艺一度无法实现，只好因陋就简，改为"生丝（单根丝）做经头"。为此，都锦生和工人们尝试着运用木棉等天然原料进行织锦生产，使其效果能达到原织锦的水平，甚至更好，但因为战乱而无法进一步展开。

二、西湖绸伞：一朵盛开的鲜花

织锦看似和雨伞没有很大的关联，但都锦生却大胆尝试，将织锦巧妙地运用在雨伞上。他将以前的纸伞改为丝绸伞面，同时在伞面上绘上西湖风景、山水、花卉等装饰图案，精巧别致（图4-1）。汤焕然在回忆这一段时，非常自豪：

> 他（都锦生）做的产品很多，做过内衣，衬衫啊，做过内衣，做过绸伞，原来市面上看到的绸伞叫太阳伞，都锦生（丝织厂）生产两种产品，一种绸伞太阳伞，一种叫晴雨伞，晴雨伞现在市面上没有看到了，这个产品相当好，他到日本参观，参观以后带回来的产品。[1]

在日本考察时，都锦生发现日本人用的绢伞风格独特，很受当地妇女们的喜欢。为此，他特地从日本订购

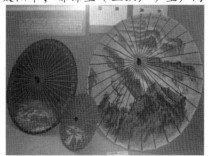

图4-1 西湖绸伞
（中国伞博物馆陈列）

[1]建设委员会浙江经济所编：《杭州市经济调查》下编，1932年，第71页。

[2]朱新予主编：《浙江丝绸史》，浙江人民出版社1985年版，第178页。

[3]陈宝经：《江浙丝茧业衰落之原因及其救济》，浙江财务人员养成所：《财政经济会刊》1932年第6期。

[1]汤焕然口述，《百年商海：东方丝魂"都锦生"》纪录片，2005年。

了几把遮阳伞和一些制伞用的钢骨进行研究，希望能在国内也生产出这样的雨伞。一开始，他们用法国电力机织造的乔其纱来做伞的面料，把它粘覆在钢骨上，然后再在伞面上进行修饰，绘制上几何花纹或西湖风景。这种伞只能遮太阳，雨天不能用，而且因为钢骨仍然沿用日本进口的，所以价格比较高，投放市场后，销路并不好。

为此，都锦生又和技术工人们一起将真丝织成经纬密度都比较高的绸缎，用这种绸缎来做伞面，这样，伞面既能遮阳又能遮雨，但由于还是运用日本的钢骨，虽然实用性上有所增加，但成本还是很高，因此，由于"每把销售十几元"[2]，产品虽好，仍然销路不佳。为此，都锦生和他的技术人员竹振斐又开始研究伞骨，希望能有东西代替日本进口的钢骨，从而降低成本。他们想到了杭州近郊特有的淡竹，这种竹篾质细洁，色泽玉润，烈日暴晒也不会弯曲。如何将这种淡竹制成伞骨？为此他们专门走访了富阳县竹器名匠金关生。经过多次试验，研制出了竹骨的遮阳伞。取淡竹的中段2至4节，将其中一节淡竹筒劈成32根或36根细条，另配骨撑，组成伞骨，然后把竹面极薄的一层劈开，把绸缎蒙在竹骨上用胶水粘住，形成绸面。绸面以西湖风景为主，如平湖秋月、三潭印月图案等。这样，在1932年，西湖绸伞就诞生了。它不仅轻巧便利，而且还具有一定的观赏性，价格也从十几块钱一把降到了3块钱一把。

[2]吴广义、范新宇：《中国民族资本家列传》，广东人民出版社1999年版，第301页。

由于西湖绸伞造型美观，价格便宜，日本街头开始出现抢购西湖绸伞的热潮，外国人誉之为"一朵盛开的鲜花"[3]。这使得国外客户的订单纷至沓来。由于西湖绸伞的销路好，1934年，都锦生在艮山门丝织厂的厂房旁专门独立出一个竹伞工厂[4]，来生产加工西湖绸伞。他和工作人员不断改进西湖绸伞的面料和制作技术，使得伞面织造细致，透风、耐晒，伞面的图案也从西湖风景发展到花鸟、侍女等题材。

三、佛像织锦：浓郁的宗教风情

[3]吕春生：《杭州老字号》，杭州出版社1998年版，第11页。

[4]1949年解放以后，这个厂房从都锦生丝织厂独立出去，被命名为杭州绸伞厂，负责人即为之前与都锦生一起研究绸伞，后又自立门户的技术人员竹振斐。

[5]李冈原：《东方丝王都锦生》，天津人民出版社2011年版，第210页。

除了对市场行情的把握以外，机遇同样能为都锦生织锦的突破创造条件。1934年4月，西藏活佛班禅九世来杭州举行第六次"时轮金刚法会"。在此期间，班禅在浙江省主席黄绍竑的陪同下，前往都锦生丝织厂参观[5]。班禅对都锦生丝织厂的丝织风景和人物、花卉图案赞不绝口，特别是一些人物肖像更令他格外惊喜。为此，班禅当场定制了18幅各世班禅的丝织像，丝织像的依据则是九世班禅从西藏带来的肖像画。据介绍，这些班禅肖像的重彩原画都是西藏的无价之宝。它们"由西藏艺术大师绘制而成，充满着浓厚的宗教色彩，画面以历代不同的活佛为主体，四周围绕着光怪陆离、色彩斑斓的神鬼、鸟兽，整幅画面显得庄严肃穆、神奇莫测"。这无疑给都锦生织锦带来了新的挑战，也给都锦生丝织厂带来了维持生存的订单。

为此，丝织厂专门开辟了一个工场，由倪好善和别的几位师傅共同负责意匠设计。他们"白天照原画设计，晚上小心地把原画锁到保险库去，这样工作了整整三年，才画好了全部意匠图"，[1]随后用50多种颜色的丝线织出的丝织活佛像，庄严、细腻、逼真。在《西藏班禅活佛五彩佛像》织锦画（图4-2）中，活佛身披金黄色的袈裟，神色肃然的端坐在莲花上，身材丰满、面容圆润、表情和蔼，周围饰有莲花、祥云等富有装饰意味的佛国物象。整幅画面无论是佛像的头发、眉眼，还是衣褶、神态，都表现得婉转流畅、细致生

图4-2　《西藏班禅活佛》五彩佛像
（都锦生织锦博物馆陈列）

动，在造型、线条、色彩、气质等各方面都颇有特色，使人油然而生无比的崇敬之情。据倪好善回忆，这批佛像运往西藏前曾在杭州青年会展览，当时轰动了整个杭州。九世班禅得到佛像后很满意，又向都锦生丝织厂订购了1900张西藏班禅活佛五彩佛像。这批佛像的制作，可以说是"抗战以来最大的一笔生意"[2]，也是九世班禅为了支持都锦生这位民族企业家的实业。后来为了答谢九世班禅的知遇之恩，都锦生丝织厂专门织就了九世班禅唐卡，后来被十世班禅赠送给了达扎寺的达扎活佛。

实际上，在此之前，都锦生织锦就已经开始尝试以神灵造像为题材进行创作，如《耶稣为我》、《耶稣牧羊》（图4-3）、《耶稣祈祷》、《耶稣升天》（图4-4）、《耶稣圣母》（图4-5）等基督教题材的五彩织锦，规格分别为7英寸×10英寸和10英寸×15英寸两种。这类织锦"在构图和色彩上，既体现了我国历代名画家的优良风格和笔法，也吸收了西洋画色泽

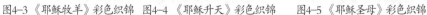

图4-3《耶稣牧羊》彩色织锦　图4-4《耶稣升天》彩色织锦　图4-5《耶稣圣母》彩色织锦

华丽的特点，把织锦艺术推向更高的水平"[3]。在五彩佛像织锦之后，都锦生织锦深深地把握住了中国宗教文化的特点，选取的题材大都是与人民生活关系密切、能带来切实便利的神仙，如福禄寿三星、八仙、麻姑、财神等。为此，这个时期的代表性作品包括《麻姑献寿》、《南海观音》（图

[1]倪好善：《都锦生织锦艺术有传人》，政协浙江省文史资料研究委员会编：《浙江文史资料选辑》第47辑，浙江人民出版社1992年版，第153页。

[2]吕春生：《杭州老字号》，杭州出版社1998年版，第13页。

[3]中共都锦生丝织厂委员会、杭州大学历史系编著：《都锦生丝织厂》，浙江人民出版社1961年版，第11页。

4-6）等。在《南海观音》织锦中，观音面部慈祥，站立在纯洁的白莲花上，旁边是一位侍童，远处一片竹海，在此幽静之处，一个可爱的孩童出现在云彩之间，寓意着送子的美好愿望。画面虚虚实实，展现出中国宗教世俗化的倾向，体现了都锦生织锦对我国宗教艺术效果的成功把握。

图4-6 《南海观音》五彩织锦

第三节　都锦生织锦的艰难销售

"九一八"事变以后，随着东北的沦陷，都锦生织锦营业额占到一半左右的东北区没有了销路，都锦生织锦一度无人问津。都锦生只能先关闭了在北平、香港两地的门市部。值得庆幸的是，在广州门市部的营业却在此时有了起色。因为当时广东人凡有喜庆或开张吉事，认为不送都锦生丝织厂出品的丝织品，不足以显高贵。此风一开，织锦的营业大好[1]。随后，上海亦受到广州风气的影响，纷纷购买都锦生织锦来相互赠送。为了进一步影响国内市场，丝织厂利用各种方式来宣传自己，譬如以明星的魅力来扩大市场和销路，就取得了不俗的效果。1934年，在西湖绸伞的开业庆典仪式上，丝织厂请来当时的电影明星胡蝶、徐来到杭州剪彩，产生了很强的明星效应。杭城各大营业部热闹非凡，顾客纷纷前来购买绸伞。此外，都锦生还经常把自己的产品送给周璇、胡蝶等众明星免费使用，以扩大产品曝光率，以期名人效应所带来的促销力度。正是这种时刻心系市场、忧思如何打开市场的心态，使得都锦生织锦不断成为大众消费市场品味的引领者。当然，即便如此，都锦生织锦的销售额仍因为东北区的损失而难有大幅度的提升。

1934年，都锦生亲自去南洋营销织锦产品，开拓海外市场。在菲律宾，都锦生受到了菲律宾王储的接见，虽然受世界经济危机的影响，都锦生菲律宾之行拿到的订单不多，但成功地实现了宣传织锦产品的目的。南洋地区华侨的爱国热情非常高，而都锦生丝织厂生产的丝织风景、西湖绸伞多以中国传统文化为图案，这给海外华侨带去了民族的自豪感，更勾起了他们抢购国货丝织品，抵制日货的高潮。有学者在研究中总结道，"对民族文化题材、消费者需求心理的准确把握，使都锦生的产品不断推陈出新，为时人喜爱，畅销国内各省以及东南亚、欧美等国家"[2]。

1936年，为促进国货销售，推动国内经济的发展，国民政府在杭州召开了"提倡国货运动大会"，大会决定在4月10日至20日举办浙赣特产联合展览会。在这次展览会中，一共有93家厂商参展，其中丝织刺绣类的仅有都锦生丝织厂和大中华花边厂两家。[1]都锦生丝织厂精心准备了一批参展的丝织风景作品、锦垫桌毯、西湖绸伞等，并在各种媒体上大做宣传，各地

[1]宋永基：《都锦生丝织厂的回忆》，政协浙江省文史资料研究委员会编：《浙江文史资料选辑》第10辑，浙江人民出版社1978年版，第136页。

[2]李冈原：《东方丝王都锦生》，天津人民出版社2011年版，第180页。

的顾客蜂拥而至，热闹非凡，使得原本20日结束的展览会，又往后延期了4天。此时，都锦生织锦还在"上海北四川路蓬路口、上海三马路石路口、南京太平路门帘桥、南京中央商场内、广州永汉北路、广州十八铺、汉口江汉路、重庆小梁子、杭州花市路九处"[2]有销售。即便在卢沟桥事变之后的第五天，1937年7月12日，在《东南日报》上还刊登了一篇题为《开拓丝织业新路的都锦生丝织厂访问记》的文章，副标题直接是开厂资本只有一千块钱，现在年营业额三十几万。

在战事中，随着丝织原料的价格不断上升，再加上织锦不是实用品，都锦生织锦的产量和销量都在不断下滑。1941年"在日本帝国主义狂轰滥炸，到处烧杀的时候，各地门市部相继遭到轰炸，焚烧殆尽，损失惨重。即使最后开设的重庆门市部，亦遭轰炸。只有广州门市部，事前将存货安放在较为安全的地区，虽被轰炸，损失较轻。都锦生眼看自己的企业尽遭破坏，内心的痛苦和气愤，不言而喻"[3]。

1945年抗战虽然胜利了，但都锦生丝织厂因为之前日军的轰炸，机器、厂房都遭到了严重破坏，"杭州和上海两地营业所仅存的一点丝织风景片，也全部被抢劫一空"[4]。都锦生织锦的销售在当时而言，举步维艰。宋永基是这样描述当时的状况的：

> 在这样困难的情况下，唯有一线希望，就是开展出口贸易。当时出口公司尚未成立，而四大家族办的"扬子公司"又不愿推销我厂产品。我因在学校时，学的是经济、会计和国际贸易，我就自己出信，同国外原有的推销单位联系，又请人介绍新的联络点。去信时附明产品目录及美元、英镑的售价。因我厂出品在国外向有声誉，所以无须再寄样品。过了几个月，国外的回信来了，同时订货的信用证也收到了。由于我厂存货较多，很快办好出口手续。到中国银行结汇时，方知金元券贬值惊人。例如当我报价时，每一金元券等于美元1元；到结汇时，每一美元等于金元券4元。当时丝织用品包括原料的物价，一美元合金元券2元多一些，所以从外汇的差额上，获得一些资金，稍为灵活了一个时期。我厂除出口外，国内各批发户虽有些添货，但为数极微，仍难以维持全厂的生产，危机又在眼前。[5]

都锦生织锦的销售主要依靠之前所拥有的海外声誉艰难度日。

[1] 参见李冈原《东方丝王都锦生》，天津人民出版社2011年版，第219页。

[2] 李冈原：《东方丝王都锦生》，天津人民出版社2011年版，第220页。

[3] 宋永基：《都锦生丝织厂的回忆》，政协浙江省文史资料研究委员会编：《浙江文史资料选辑》第10辑，浙江人民出版社1978年版，第138页。

[4] 中共都锦生丝织厂委员会、杭州大学历史系编著：《都锦生丝织厂》，浙江人民出版社1961年版，第24页。

[5] 宋永基：《都锦生丝织厂的回忆》，政协浙江省文史资料研究委员会编：《浙江文史资料选辑》第10辑，浙江人民出版社1978年版，第140—141页。

第五章 都锦生织锦的重获新生
（1950—1978）

　　都锦生丝织厂，从1922年建厂到1949年新中国成立时已经经历了漫长的27年历程。在经受抗日战争、国内战争的洗礼后，到新中国成立初，34台手拉机和40多个工人就是都锦生丝织厂当时全部的"家产"。丝织厂资金枯竭，原料不足，产品质量低，销售困难。1949年全年产值3.8万元，年产台毯143条，靠垫760只，风景伟人肖像3702平方米，绸伞1333把。[1]在国家的社会主义建设中，都锦生丝织厂和工人们又开始经历深刻的变化，都锦生织锦也重新获得了新的生命和活力。

第一节　都锦生丝织厂的社会主义发展

　　新中国成立时，都锦生丝织厂因外销中断，内销清谈，产品积压，出现了资不抵债的局面，全厂职工依靠向浙江省厂矿联营处借贷度日。当时企业的负责人宋永基在《都锦生丝织厂的回忆》中曾这样写道："1950年3月，我去华南、香港等地，想重新恢复销售渠道，但历时3个月，一笔业务也没做成，回杭后只能向工会提出解雇职工以减少开支。"这时，杭州市军管会派军代表来了解丝织厂的基本情况，协助规划生产；同时，省工矿厅给予贷款扶植，委托加工订货；杭州市工业局也特地向丝织厂订购伟人的肖像，以帮助恢复生产。在各方的努力下，丝织厂开始恢复运作。宋永基这样描述当时的情形：

　　　　解放初期，本厂因元气未复，资金又感不足，加之物价一时尚不稳定，人民政府根据几种主要物品的价格，编成物价指数，定名为"折实单位"。这是保障工人收入的一个好办法，我即与全体职工协商，今后按照"折实单位"数字核计工资。自此，劳资双方为了协商工资的争议中止了；可是带来一个新问题：因为我厂销路尚未正常，

[1]乌鹏廷、林子清：《杭州市都锦生丝织厂公私合营前后》，肖贻、崔云溪主编：《中国资本主义工商业的社会主义改造（浙江卷）》，中共党史出版社1991年版，第525页。

[1] 宋永基:《都锦生丝织厂的回忆》,政协浙江省文史资料研究委员会编:《浙江文史资料选辑》第10辑,浙江人民出版社1978年版,第141-142页。

[2] 中共都锦生丝织厂委员会、杭州大学历史系编著:《都锦生丝织厂》,浙江人民出版社1961年版,第43页。

[3] 中共都锦生丝织厂委员会、杭州大学历史系编著:《都锦生丝织厂》,浙江人民出版社1961年版,第32页。

[4] 中共都锦生丝织厂委员会、杭州大学历史系编著:《都锦生丝织厂》,浙江人民出版社1961年版,第32-33页。

资金周转不灵,往往欠发工资。这些问题,都承人民银行给予贷款,得以解决。[1]

随着土地改革的逐步完成,城市现有工商业进行了合理调整,到处呈现出一片活跃的新气象。丝织厂相继织出了刘少奇、周恩来、朱德、陈云等伟人的肖像,受到广大工人、农民、学生、革命干部、解放军战士的普遍欢迎,同时丝织厂开始试织适合农村特点的丝织风景片。在1951年浙江省首届土特产交流大会后,沈阳市百货公司的代表向都锦生丝织厂订购了一大批丝织风景和伟人像。这是自1931年"九一八"事变后,长期遭受日寇蹂躏的我国东北人民,重新开始购买都锦生丝织厂的丝织工艺品。西藏参观团也在这次交流大会中购买了很多珍贵的丝织品。此时,全厂34台手拉机全部开工都无法应付前来订购的丝织产品,全厂终于转亏为盈,盈余6.8万元。1961年编写的《都锦生丝织厂》这样记录当时工人们的心声:"长江的流水长啊!共产党的恩情比长江还要长。太阳的光辉暖啊!毛主席的恩情比太阳还要暖。"[2]

一、都锦生丝织厂的公私合营

都锦生丝织厂的生产开始呈现出一片蒸蒸日上的景象,通过加工订货等一系列社会主义改造步骤,企业和生产都有了很大的发展。然而,几年来,资本家为了追求自由市场,非法偷税漏税。"据统计,到1952年初'五反'运动以前,资本家偷税漏税就达二十五万元之巨。由于资本家一味追求利润,盲目生产高利润商品,因此,滞销品和废品竟占成品总数的15%,板花样因无人保管而霉烂的有30%,次品率达到30%以上。"[3]有一次,在承制国营公司的一批绸伞订货时,次货率竟高达96%。这样,既不能合理地组织生产,又不能充分发挥职工群众的积极性,为了改变这种不合理现象,只有对企业进行全面的改造,走公私合营的道路。这不仅是广大职工群众的迫切需要,也是企业家本身的要求。

当时,工人们为了创造条件,争取早日批准公私合营,都积极地投入到热火朝天的社会主义劳动竞赛。仅仅用了一个月的时间,就提前完成了慰问中国人民解放军的礼品——《北京天安门》和《克里姆林宫》等丝织风景画一万三千多幅。工人们羡慕第一个公私合营的福华丝绸厂。"在那里,所有的机器、厂房都已不再是资本家所占有(资本家只拿"定息"),工人成了企业的主人。"[4]在看到人民政府坚决执行对资本主义工商业实行利用、限制、改造的方针和"公私兼顾、劳资两利"的政策后,丝织厂的负责人宋永基提出了公私合营的申请。在《为申请批准我厂为公私合营企业事》中,宋永基写道:

我厂在解放前,由于受到敌伪反动政府摧残,物价一日数涨,既无法生产,甚至也无法维持职工生活,企业已到朝不保夕的危险。解放后，承蒙党和人民政府的无微不至关怀，人民银行的贷款扶植，几年来在党和政府的领导下，生产逐年发展，企业由亏蚀户已转变为盈余户，对党和政府的关怀扶植，感戴无已。现在学习了国家在过渡时期的总路线以后，明确了私营企业必须接受社会主义改造，使生产更能向前发展，则不仅有利于社会主义的建设，且对个人前途也是一条光明大道。为此恳请钧局迅批准我厂为公私合营企业，不胜期盼。[1]

虽然提出了公私合营的申请，而事实上，宋永基有过非常激烈的思想斗争。"一旦公私合营后，自己的职位是否有保障，收入是否会减少。"[2] 在这种怀疑和等待中，1954年3月，杭州市人民政府工业局批复该厂：

所请改组你厂为公私合营企业事，已经杭州市人民政府财政经济委员会核准，决定自四月起，改为公私合营，并派祁立义为公股代表……并即组织工厂临时管理委员会，自即日起，有关生产、经营财务措施等，应在该委员会主持下进行。[3]

就这样，都锦生丝织厂也成为杭州市第一批实行公私合营的企业。

政府派工作组下厂，成立了公私合营都锦生丝织厂临时管理委员会，主任委员为政府代表祈立义，副主任委员则是私方代表宋永基，委员包括方鸿笃、蔡嘉然、孔克强、刘清士、边仁连。这些核心小组的成员一起编写了《公私合营筹备委员会组织章程》，展开全面的清产估值工作，以确定公私股的比例，重新建立科室部门与生产小组。临管会抓住原料缺乏这一关键性问题，建立原料储备定额，规定人造丝带用品；生产车间则推行用料原始记录，订立次废品标准，组织技术学习，发动群众提合理化建议。私方代表宋永基在清估资产的时候，害怕群众会把厂房、存货、花板三项重要资产估价过低。事实上，工人们在评估的时候，把存货分为畅销、行销、滞销等种类，花板也按破损程度依次排列，再请宋永基进行复评。宋永基看完以后说："职工们确实大公无私，在没有复评前，我总不放心，现在，才知道的确是评得合情合理的。"[4]

1954年4月2日，是都锦生丝织厂的大喜日。据记载，当天"全厂锣鼓喧天，鞭炮震耳。工人们像过节日一样，穿上新衣，奔走相告，握手相庆。大门口张灯结彩，披上节日的盛装，当中悬挂着'走社会主义道路'的金色匾额"[5]。工人边仁连说："我过去总感到在私营工厂里做工不舒服，公私合营可好了，踏进社会主义大门了。"[6]他的话表达了当时全厂职工的共同愿望。丝织厂各部门在公私合营后，都进行了不同程度的改革创新。

设计车间的老工人倪好善，主动向领导上提出要同他的徒弟曹瑞芳订立师徒教学合同，保证提前半年，把自己的技术毫无保留地传授给年轻的一代。这件事在当时是建厂三十多年来的新鲜事。说起倪好善，人们马上会把他和意匠图联系起来。这项工作是都锦生织锦生产工艺过程中的一个关键工序，可是厂里具有这种专门技艺的人很少，因而影响了花色品种的

[1] 杭州都锦生丝织厂：《为申请批准我厂为公私合营企业事》，杭州市档案馆，1954年。

[2] 中共都锦生丝织厂委员会、杭州大学历史系编著：《都锦生丝织厂》，浙江人民出版社1961年版，第33页。

[3] 杭州市工业局：《杭州市工业局批复》，杭州市档案馆，1954年。

[4] 中共都锦生丝织厂委员会、杭州大学历史系编著：《都锦生丝织厂》，浙江人民出版社1961年版，第35页。

[5] 中共都锦生丝织厂委员会、杭州大学历史系编著：《都锦生丝织厂》，浙江人民出版社1961年版，第31页。

[6] 中共都锦生丝织厂委员会、杭州大学历史系编著：《都锦生丝织厂》，浙江人民出版社1961年版，第31页。

[1] 中共都锦生丝织厂委员会、杭州大学历史系编著：《都锦生丝织厂》，浙江人民出版社1961年版，第34页。

增多。当时，倪好善已经快六十岁了，自从都锦生丝织厂创办以来，就没有离开过。他曾认为："我是一个技术工人，目前，全国能织丝织风景的工厂只有都锦生一家，我如果把技术教给别人，自己就会遭到失业。"所以，他就时时小心、处处留神，在漫长的几十年里，光知埋头绘画。有时别人向他请教，他也用婉转的词句推辞了。解放后，倪好善也带过几个徒弟，但总还要留一手。[1]自从公私合营以后，工人真正成为工厂的主人。几年来，倪好善老是睡不着觉，他深深地体会到多教会一个徒弟，就是为国家多造就一个人才，给工厂多增加一份力量。为此，他主动向领导提出与曹瑞芳订立师徒教学合同，向徒弟手把手地传授画意匠画的技巧。力织部的工人们每人由看一台机子增加到看两台，并且设法使每台电力机的单位产量，超出计划78平方米。修机工边仁连在劳动竞赛的推动下，认为虽然厂里的手拉织机已改为电力机，但只能织黑白两种颜色的像景，多种颜色的丝织品仍旧要在手拉机上织造，如果能在电力机上织造多种色彩的像景又该多好。为此，他动脑筋，找窍门，研究梭箱的装置和提花龙头的组织，终于把五彩的台毯搬到电力机上进行织造，节省了人力。着色部的女工们，采用流水作业法，工作效率提高了20%。

[2] 中共都锦生丝织厂委员会、杭州大学历史系编著：《都锦生丝织厂》，浙江人民出版社1961年版，第35页。

[3] 程长松主编：《杭州丝绸志》，浙江科学技术出版社1999年版，第229页。

[4] 都锦生织锦博物馆：《都锦生丝织厂简史》，1997年。

各部门课室都开展了社会主义劳动竞赛。丝织厂公私合营仅仅9个月后，产量就比合营前增加了61%，产值增长了64%，质量也有了迅速的提高，生产的花色品种达1000多种。以电力机织造的10×15丝织品为例，合营后平均单位产量比合营前的3月份提高了40.9%；制伞工场的次品率由过去的30%下降为4%；产品成本下降了16%，特别是销路较大的19×28丝织伟人像的成本降低了25%，销售出现了历史上从未有过的淡季不淡的好局面。连私方代表宋永基也不得不承认："这是都锦生开厂三十多年来出现的最大奇迹。"[2]到1956年公私合营完成时，都锦生丝织厂共有织机345台，其中绸缎电机290台，像景电力机33台，手拉机22台，职工1994人，全年工业总产值达到1093.9万元[3]，为1949年的287.9倍，比1955年增长了53%。年总产量达206.66万米，为1949年的255倍，比1955年增长了12%，年润60.6025万元[4]。那年全市丝织业（表5-1）的总产量为48733.72千元，都锦生丝织厂的总产量就占到全市的22.45%，其中绸缎占到全市的17.24%，丝织像景则为99.21%，也就是说，丝织像景基本上都由都锦生丝织厂来生产完成的。

表5-1 1956年都锦生丝织厂在全市丝织业中的比重

	产值（千元）			产量	
	总产量 （不变）	总产值 （现行）	净产值 （现行）	绸缎 （千公尺）	丝织像景 （方公尺）
本市丝织业	48733.72	27206.31	8528.28	11248.35	101021
都锦生丝织厂	10939.82	7901.39	2119.63	1939.70	100224
本厂占全市%	22.18	21.18	24.85	17.24	99.21

注：资料根据1956年杭州市丝织业的生产以及都锦生丝织厂的生产数据整理而来。全市当时共有20家丝织厂（表内数字不包括合作社）。这里都锦生丝织厂的工业总产值包括原都锦生丝织厂和启文厂，当时两厂已经合并，其中，原都锦生的工业总产值为10654.89千元，绸缎产值9048.93千元，像景为74.294方千公尺，1605.76千元，而启文厂为285.13千元，像景为25.930方千公尺。

都锦生丝织厂在公私合营之前，企业的组织结构基本上保持了都锦生丝织厂在解放前辉煌时期的运行框架（图3-1）。设立在杭州的制造厂包括准备部、着色部、绘图部、制版部、手织部、力织部以及纸伞部，广州和上海各有一家行业所。在公私合营过程中，除厂长由公方代表担任外，原有的经理、厂长全部留在厂部任职，3人担任副厂长，宋永基任副厂长，协助公方代表掌握全面，监管财务；原厂长刘清士对供销、调度有多年的实践经验，任副厂长负责供销；原副厂长张雪渔对机械和生产比较熟悉，任副厂长负责生产，安排他给工人上课，讲授生产技术。与此同时，调整了厂的机构，设人事保卫、生产技术、财务、供销、总务、计划六科；生产方面则设力织、准备、着色、检验三个科部。从人事结构上（图5-1）可以看出，"在百废待兴的基础上，一个执政党要重建工业体系，一定是要把权力仅仅掌握在由党任命下去的厂长和党委书记手中的，而且计划经济本身也决定了工厂本身更多地是一个执行的系统而不是一个有太大发挥余地的系统"[1]。私方的26人，除安排3人任副厂长外，科长6人，董事会营业所主任4人，工人2人，技术室主任2人，职员2人，技工2人，以及1人尚未安排，到1957年时，由小业主、资本家等转化的固定职工为25人。

[1]平萍：《从"大而全"的组织到资产专用行的组织：广州一家机器制造业国有企业的组织变迁》，哲学博士论文，香港中文大学，2002年，第75页。

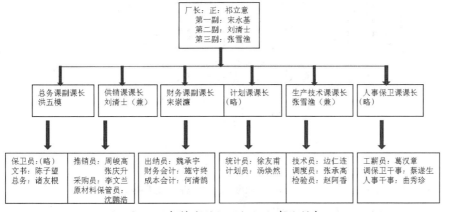

图5-1 都锦生丝织厂组织人事编制表

资料来源：图根据《都锦生丝织厂组织机构编制表》绘制，杭州市档案馆，1956年。

为了改变原来企业规模过小、经营分散、工艺流程割裂的弊端，1956年市政府工业局决定对丝绸企业进行生产改组，原来的173个厂（其中包括许多生产丝织机械及零配件、炼染业的厂家）、186个生产车间，调整合并为25个厂、85个车间。都锦生丝织厂在1月就将公私合营的群利绸厂（包括一、二、三、四厂），转产投资都锦生丝织厂的上海新昌、庆大等四家五金行，浙江第三合营丝织厂（包括大龙、华成、永成源等绸厂）、富强绸厂等并入。5月又将富强绸厂及永成源绸厂的大部分划出独立，同时将启文丝绸厂、陶永兴铁工厂及同康绸厂的部分并入。1957年时又将公私合营所属的伞部工厂划归杭州绸伞厂。至此，都锦生丝织厂完成了生产的经济改组，工厂的生产结构慢慢形成了新的格局（图5-2）。一位厂长配有六位副厂长，其中两位副厂长主抓生产，其他副厂长各自负责供销、总务及人事。

厂址由杭州郊区迁到西子湖畔的铜元路（今凤起路），职工突破了2000人。据一些老职工回忆："当时感觉一下子增加了许多职工，实际上，一部分人并没有岗位工作可干。"

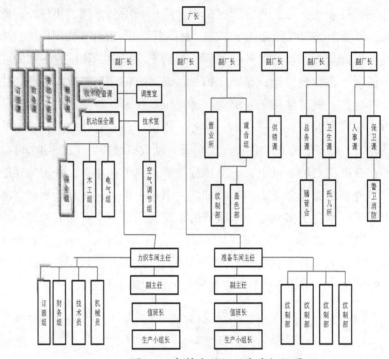

图5-2　都锦生丝织厂生产组织图

资料来源：图根据《公私合营都锦生丝织厂科室车间职责范围》而制，杭州档案馆，1957年。

二、都锦生丝织厂的大跃进步伐

1957年，政府发布了全党全民整风的指示。都锦生丝织厂也在1958年初在全厂范围内开展了轰轰烈烈的整风运动。工厂党委紧紧贯彻了关于干部参加劳动、工人参加管理的"干工双参"指示。领导人员全部下车间生产，在生产中领导生产，并且及时接受广大职工群众的合理化建议，总结生产经验，解决生产中的关键问题，掀起了群众性的学先进、赶先进的生产高潮。

当时有这样的诗歌来描述都锦生丝织厂社会主义劳动竞赛的生产热潮[1]：

工人生产劲头高，

胜过钱江八月潮；

一夜比武赛操作，

得出经验千万条。

质量是你好，

产量是我高；

优点合拢来，

[1]中共都锦生丝织厂委员会、杭州大学历史系编著：《都锦生丝织厂》，浙江人民出版社1961年版，第37页。

缺点都改掉。

　　大哥挡车快如飞，
　　小妹摇纡紧紧追；
　　你若飞到月宫里，
　　我乘火箭赶上你。

　　作为衡量丝织厂成绩的重要标准之一就是厂内能生产多少花色品种的丝织。1949年初，都锦生丝织厂一共只有100多种花色品种。为了提高丝织厂的业绩，1958年一年内仅仅丝织风景画一个单项的新品种、新花样，就增加了100种，到1959年时达到700多种。换言之，十年来，花色品种几乎增加了6倍。所设计的丝织风景取材于祖国日新月异的建设面貌和锦绣河山，选取了武汉长江大桥施工、鞍钢高炉出铁等情景。在产品设计上，工人们开始由室内跑到室外去写生，把秀丽的景色，通过画家神奇的妙笔，反映在丝织景面上。绸缎的花色在吸收兄弟厂经验的基础上，也增加到1000多种。新花样不断出现，新品种不断增加，产量直线上升，正品率达到99.72%。与此同时，丝织厂还开始设计新颖的领带、钢骨的绸伞、真丝头巾、细纬台毯等新品种。单单领带一项，就有两百多种花色。那些利用挖花技术织成的挖花领带，远远看去，就好像是刺绣成的花朵，点缀得绮丽多彩。

　　为了实现高生产能力，1958年6月都锦生丝织厂增加了114台机器。按照当时工人们看台的能力，就得相应增加130个左右的挡车工人，这会导致丝织厂内劳动力的极度紧张。为此，全厂职工在改进机械设备，提高操作技术水平的基础上，开展"你追我赶"的扩大看台运动。很多工人如田锡根、钟二毛等都一跃再跃，扩大看台数量，达到一人看8台甚至10台。[1]这样，新添的机器不但没有增加工人，反而抽出200多个技术熟练的工人去支援新建的兄弟厂生产。在扩大看台的基础上，党委书记又深入车间与技术人员、老工人一起种高车速的"试验田"。提高车速的试验成功了，大大地解放了工人们的思想。工人们一空下来，就三个一群、五个一组地设计蓝图，或者在机台旁琢磨机件。既然后道工序的生产大大提高了，也自然地要求前道工序准备车间与它相匹配。保全车间的工人们学习了永春丝织厂创造的"双胞胎摇纡"的经验后，改装了纡车的装置，把纡车的单套筒改为双套筒，一次运转能同时摇出两颗纡子，这样将生产能力整整提高了1倍。仅1958年一年，全厂技术革新的项目就达到154项之多。技术革新和技术革命推动了生产成倍上升。丝织厂既定的六大指标一年内全部完成，总产值比1957年提高了66.41%。[2]职工们认识到要继续大发展，就必须开展技术革命。这一年，丝织厂被评为省级先进单位。

　　1959年初，都锦生丝织厂接到上级政府的一项重要任务：为北京人民大会堂织造一幅6米宽、12米长的缎子。当时，国际上最宽的缎子也不过3

[1]中共都锦生丝织厂委员会、杭州大学历史系编著：《都锦生丝织厂》，浙江人民出版社1961年版，第40页。

[2]中共都锦生丝织厂委员会、杭州大学历史系编著：《都锦生丝织厂》，浙江人民出版社1961年版，第41页。

米宽，如今要织出比这更宽一倍的缎子，任务非常艰巨。为此，在厂党委领导下，领导干部、老工人、技术人员共同的研究下，大家齐心协力，苦战了半个月，制成了一架巨型的木织机，进行缎子的织造。后来工人们就把这幅锦缎命名为"东风缎"。为了迎接建国十周年，全厂职工用最快的速度，采用流水作业法，一面画意匠，一面踏花，一面织造，前后不到三个月，终于织造出一幅本来要用一年半时间才能织造出来的巨幅毛主席全身像。据一些职工回忆，当时厂内一排170台机子就专门用来织主席像。[1]1959年下半年，全厂职工通过党的八届八中全会公报和决议的学习，出现了一个"人人谈总路线、个个谈大跃进"的心情舒畅、干劲冲天、生产蒸蒸日上的生动活泼的局面。这一年，都锦生丝织厂也全面超额完成了年度国家计划，不仅被评为杭州市先进厂，还光荣地被评为全国红旗厂。这时，全厂拥有500台丝织机，以织织锦为主。

整个都锦生丝织厂的组织结构在制伞部独立出去，以及和其他厂和车间合并以后，框架更加明确，分工更加细致，生产设备、生产手段更加复杂，这使得原先"小而全"的企业变成了"大而全"。到1960年，"全厂共有五个车间，包括从意匠到检验的全部生产过程，构成一个完整的生产体系"[2]。这反而造成了更多的麻烦，给生产带来了许多不便。当时任职的厂长裘南安总结说：

> ……多头领导，指挥生产乱。党委直接伸手处理日常生产行政事务工作，抓生产由党委委员分片包干，事无大小都要由党委会解决，甚至几个泥水工工作的分配也在党委会上讨论。到今天止，在供销科收发账上记着：党委副书记田锡根欠板头四十把；工会主席金绍良欠板头二十把。在行政上几个厂长分工不明，既抓管理，又都抓生产。有的科室也都直接可以指挥车间生产。正如车间有一个调度员说："这里来一张联系单，那边又来一张联系单，大家都来抓生产，叫我听哪个的话好呢。"

> 职责不清，工作忙乱。从厂部到科室、车间的干部，缺乏明确的职责。特别是车间主任、轮班长、包括支部书记，对于自己究竟应负什么责，谁也说不清楚。生产正常时，大家很空，车间里荡荡，办公室里坐坐；生产上一出现问题，大家手忙脚乱。缺勤率一高，大家都去做挡车工、分经工。在生产行政管理上不少重大问题处于不能及时解决和无人负责的现象，既没有定期的布置和总结检查工作，也没有定期的厂务会议。工作做到哪里，算到哪里，头痛医头，脚痛医脚。在车间内由于责任不清，班组之间造成次货，相互推却，弄得车间主任相互埋怨，相互争吵，经常把"官司"打到厂长那里，厂长等于做车间主任工作……[3]

[1]汤焕然口述：《东方艺术之花——都锦生织锦艺术探析》，刘克龙，硕士学位论文，杭州师范大学，2011年，第83页。

[2]中共都锦生丝织厂委员会、杭州大学历史系编著：《都锦生丝织厂》，浙江人民出版社1961年版，第43页。

[3]都锦生丝织厂：《建立于健全责任制改进企业管理》，杭州市档案馆，1962年。

三、都锦生丝织厂的建设探索

从1962年开始，根据国营工业企业工作条例（草案）的精神，都锦生丝织厂在"定保"的基础上，尝试建立健全的工作责任制和配套的规章制度。当时，职工们各种说法都有：

样样有制度，加强责任感；工作方向明，调动积极性；分工又合作，环环相扣紧；管理秩序好，生产有保证。

严格的责任制度同群众运动有矛盾。有了责任制就不能开展群众运动；要开展群众运动则不能有严格的责任制。

群众运动越激烈，责任制破坏得越厉害；责任制越严格，生产就越冷冷清清。……五八年之前，制度是严格的，但群众运动较少，五八年以来，群众运动一个接着一个，许多制度在声势浩大、锐不可当的群众运动面前，一一被冲破了。大办钢铁时，冲破了财务决算制度；"四化"运动时，冲破了车速管理制度；开展生产运动时，冲破了按时开关马达的规定。现在辛辛苦苦地制订好，将来又来一场轰轰烈烈的群众运动，又要把责任制度冲破掉。多日劳动一笔勾销。[1]

虽然群众想法很多，但在上级政府的推动下，丝织厂内的党委领导层层开会，做工作，最终初步建立起党委领导下的厂长负责制。在以厂长为首的行政领导下，建立了力织、准备、机动保全、着色检整车间及学习小组的责任制。在职能科室方面，建立和规范了秘书、计划、财务、劳动工资、生产技术、人事保卫供销、公共事业课的责任制和调度室、设计室、营业所的责任制。在生产工人中，建立了挡车、修机、分经、打线、并丝、车工、着色、检验等大部分的工人岗位制和其他职工的岗位制。这样一来，职工的分工更加明确，同时丝织厂还出台了内部各种相应的规章制度107条。

除了生产线进行责任制以外，职工们的生活也全面化和规范化。丝织厂的工会基层委员会分设组织、文校、生产、劳保、女工等工作部门及八个工会小组，工会委员会共九人，主席为着色部工人蔡喜然同志。厂里专门配备了总务科和卫生科，由一位副厂长来主管。职工的孩子上厂里的托儿所，吃饭去厂里的食堂，一般的小毛病就去医务室。工人因为疾病缺勤，不是简单的口头申请即可，需要到厂医务室提出申请，经过审核才可以。在一份都锦生丝织厂因病缺勤情况的统计表中，可以发现，休工的原因都有明确的记录，如一般性外伤、疟疾、肺结核、神经痛、心脏病、感冒、支气管炎等病症，但也有如痛经、妊娠疾病、流产、先兆流产、分娩及产后疾病等非常详细的分类。在丝织厂工作的厂医回忆说：

那当然，这样才能便于计划生育的管理。……厂里不可能出现啥未婚先孕的情况，（当询问是否有未婚先孕等情况时，厂医自豪地说）有，也在第一时间知道了。[2]

[1] 都锦生丝织厂：《建立于健全责任制改进企业管理》，杭州市档案馆，1962年。

[2] 都锦生丝织厂厂医口述，2009年5月20日接受访谈。

图5-3　职工们的疗养院

图5-4　职工们的俱乐部

图5-5　职工们的集体宿舍

　　此外，厂里还设有疗养院（图5-3）、俱乐部（图5-4）、图书馆、业余学校和集体宿舍（图5-5）。工人们在工作之余，保证每星期有六小时的文化学习时间，由厂里聘请的教师负责教学。从旧社会过来的900多个没有文化的工人，经过努力的学习后，目前基本上已经能够写信。有的还进了高小班、初中班。工人们一下工，有的到俱乐部去下棋，有的到球场去打球，有的到图书馆去看书。特别是周末的晚上，礼堂里显得格外热闹，工人们自己组织歌咏队、说唱组、业余剧团，表演各种现代的、传统的精彩节目。演出的剧本，多数是自编自导的。像"神仙让位"、"织女下凡"等节目 。在一份公私合营后职工们的文体活动表格（表5-2）中，清楚地记录了丰富的业余活动。全面建设时期延续这种状态，职工们参与到各种文体活动中去。

表5-2　俱乐部的文体活动

图书室藏书数		房屋		文艺体育活动情况	
书报分类	册书	设备房屋	面积（平方米）	组织名称	人数
文艺小说书	1290	礼堂	610	乐队	30
政治理论书	80	阅览室	55	文工团	70
科技书	50	乒乓球	55	篮球队	32
通俗书	80	弈棋室	40	乒乓球队	9
连环画小书	2000	文工团活动室	40	双杠	一副
杂志	20种				
画报	12种	工人休息室	100	篮球场地	2
报纸	12种18份				

注:杭州都锦生丝织厂:《俱乐部的文体活动》,杭州市档案馆,1956年。

　　正是在这样的规范中，都锦生丝织厂的生产在国家经历了"自然灾害"和"工作失误"以后，迎来了一个生产的小高峰（表5-3），在1963年，总产量达219.49万米，总产值1304.26万元，利润2033019元。

四、都锦生丝织厂"文化大革命"后的恢复

"文化大革命"期间，受到极"左"思潮的影响，都锦生丝织厂的企业管理和生产都受到冲击。由于当时刘少奇、邓小平等人被列为批判的对象，不仅库存的他们的人像像景被造反派全部烧毁，而且丝织厂内所存的其他像景画本、意匠图、照片等也均被全部烧毁。1967年，在"破四旧"的浪潮下，一些传统的优秀产品如《大富贵》、《八仙寿字》等织锦被当作封建迷信，大量的意匠图、花本、实物样品、照片、历史图案等通通被打成"反动"作品，"先后烧毁了所谓迷信图纸37本，丝织样本15片，封闭了花本48种以及其他的一些工艺品，毁掉了全厂职工四十多年的心血"[1]。这使得从1966年开始，都锦生丝织厂的总产量（表5-3）一直不高，基本没有高出千万元的总产值（1973年略为高一些）。到"文化大革命"快结束时，1975年生产总量只有96.03万米，总产值508.36万元，利润总额仅559.392元，与本厂最好的利润额历史水平99.57%距离太远，全年总次货定额933定，被面次货204条，面料次货1846米。由于职工缺勤率高，加上劳动力紧张，全年缺勤停台132254小时，等经等纬停台56492小时，损失产量达134580米，相等于全厂正常时期一个月的生产任务。直到1976年，都锦生丝织厂作为全省纠正"双突"[2]错误，批判派性，恢复正常生产和工作秩序的试点，开始恢复生产。《五伦图》、《八仙寿字》、《观音》等一批具有民族特色、反映民间风俗的传统丝织工艺品得到了恢复。

[1]都锦生织锦博物馆：《都锦生丝织厂简史》，1997年，第3页。

[2]所谓"双突"错误，是指当时最早在杭丝联所搞的突击吸收共产党员，突击提拔干部的试点，将一些并不具备条件的人，拉进党内或占据领导岗位。这个"经验"被介绍出去后，在全省刮起了一阵"双突"之风。

表5-3　都锦生丝织厂1956年至1975年的生产情况

	单位	按1952年不变价格		按1957年不变价格				按1970年不变价格		
		1956年	1957年	1958年	1963年	1966年	1969年	1970年	1973年	1975年
总产值	万元	1093.98	1467.88	1552.43	1304.26	811.93	826.06	947.65	1122.33	508.36
总产量	万米	206.66	244.84	389.35	219.49	220.66	161.07	339.30	317.57	96.03
年全部平均人数	人	1664	2010	1958	1683	1548	1696	1700	1653	1519
全员劳动生产率	元	6574	7303	7821	7927	5245	6871	5574	6790	3347
工资总额	万元	120.67	140.02	148.29	133.18	124.91	129.17	126.20	126.20	115.58
利润总额	元	606025	1275466	2061047	2033019	688454	722108	527002	1574500	559.392

资料来源：根据都锦生丝织厂历年来主要指标状况统计而编制。

1973年1月1日开始，原政工组、生产组、办事组、保卫组、后勤组，分别改为组织科、宣传科、武装保卫科、外事接待科、计划劳工科、生产技术科、财务科、供销调度科、工艺产品管理科和总务科，其他的生产部门基本维持不变。都锦生丝织厂在内部组织结构变化的同时，企业名称也从解放初到"文革"后恢复生产经历了几次更替（表5-4）。

表5-4 都锦生丝织厂的名字及主管机关更替表

时间	厂内的组成	厂名	主管机关	所有制形式
1952	以原皮带厂公股资金三亿元连同职工十八人，包括保卫科长亓洪笃、业务员张庆昇及练习员施守终行政干部三人，由亓洪笃同志率同转入	都锦生丝织厂	市工业局（市军管委员会工业部和市府工业主管部门统一管理）	私营独资
1954.4		都锦生丝织厂	市工业局	地方公私合营
1956.1	将公私合营群利绸厂（包括一、二、三、四厂和上海一些五金店转而投资群利的资金）、浙江第三合营丝织厂、富强绸厂等并入	都锦生丝织厂	市下属丝织工业专业公司（1956年3月22日改称市丝绸工业专业公司工业局）	地方公私合营
1956.5	富强绸厂及永成源绸厂的大部分划出独立，同时将启文丝织厂、陶永兴铁工厂及同康绸厂的部分并入	公私合营都锦生丝织厂	市丝绸工业专业公司工业局	地方公私合营
1957.5	公私合营所属伞部工厂划归杭州绸伞厂	公私合营都锦生丝织厂	市第二工业局	地方公私合营
1959		公私合营都锦生丝织厂	市纺织工业局	地方公私合营
1966		东方红丝织厂	省丝绸工业公司杭州分公司	全民所有制
1970		东方红丝织厂	市丝绸工业局	全民所有制
1972.5		杭州织锦厂	市丝绸工业局	全民所有制

从都锦生丝织厂到公私合营都锦生丝织厂，到东方红丝织厂，再到杭州织锦厂，一直到1983年8月才恢复都锦生丝织厂的厂名，此为后话。"企业名称的不断转换虽然不一定要什么实质性的含义，但蕴含了其组织结构变迁，组织身份改变的最基本的信息。"[1]其中的几次易名，都非常具有历史的时代特征，主管机关和所有制的形式有很大变化。影响企业走向的包括国家级的上级主管、省市级主管和企业本身三种力量。而这三种力量的主导力量，则视当时的政治、社会环境而定。在高度集中的计划经济体制中，"政府的行政力量不仅构成企业组织产生的初始条件，而且企业本身也是作为一级行政组织被纳入政府的行政组织系统之中的"[2]。国营企业与政府的关系实际上是一种行政的隶属关系、依附关系，而不是企业关系。[3]

第二节 都锦生织锦技艺的复兴与突破

要织好一幅丝织风景画或一幅人像，必须经过精细的纹制设计过程和复杂多序的生产工艺过程。在都锦生织锦重获新生，都锦生丝织厂进行有序地生产时，整个织锦的技艺程序变得更为规范清晰，分成了拟定生产方案过程，即纹制设计包括设计小样、意匠放大、轧雕花板三道工序，和生产工艺过程，即实践过程，包括准备经纬丝线、织造、着色、检验四道工序。每一道工序都在之前的基础上有了一定的改进和突破。设计的风景画和人像也有了新的品种，焕发出新的色彩。如一幅以人造棉和人造丝织成的《奔马》立绒挂屏，无论从哪个角度看，都极有立体感。一群骏马通身光

[1]平萍：《从"大而全"的组织到资产专用性的组织：广州一家机器制造业国有企业的组织变迁》，哲学博士论文，香港中文大学，2002，第67页。

[2]李培林：《转型中的中国企业——国有企业组织创新论》，山东人民出版社1992年版，第207页。

[3]卜长莉：《社会资本与东北振兴》，社会科学文献出版社2009年版，第123页。

亮,尽力向前方奔驰,似乎就要冲出画面。

一、织锦技艺的复兴

纹制设计是一个极为复杂细致的过程,其中设计小样是纹制设计中的首要工序。曾有人这样打比方:"美丽的纹样是丝绸的灵魂,智慧的纹工工人就是美丽的纹样的创始人。"在都锦生丝织厂的纹制车间里,设计小样的工人们不仅要有高度的绘画技术,还要熟悉各种织物的组织结构。李超杰老人[1]曾这样回忆第一次看到都锦生织锦时的感觉:

> 1956年秋,当我从学校(注:郑州纺织学校)毕业的时候,纺织工业部人事司的一位领导为了动员我们到杭州工作,赠送我们每人一幅规格为9.5厘米×14厘米的杭州西湖风景《平湖秋月》的丝织画。我对这幅丝织画深感奇妙,虽然我们学过了有关织物组织的课程,但利用织物组织织出如此生动的风景画真是不可思议。于是,我就如获至宝,小心翼翼地将这幅丝织画夹在了《丝织学》的课本里,由此也就萌发了到杭州来工作的愿望。到了杭州后使我更有幸地是调到了杭州都锦生丝织厂。[2]

工人们在发挥创造性的同时,需要具有高度精确的数学计算,以求得织物所需原料的分量、织物的规格指标和色阶的配置。1951年设计的一幅52厘米×92厘米的人物五彩全身像,是用五十种不同色彩的纬线编织起来的。这样,就要求设计人员算出原料的分量,并使多种色彩的纬线在数千根经线中,合理变换交织,把颜色配置得停停当当,使景片在几十种色彩中,表现得既鲜艳美观,又文雅大方,人物姿态和色阶配置达到惟妙惟肖的境地[3]。

意匠放大,作为纹制设计的第二道工序,一直都需要精确和细致。意匠工人把设计好的小样放大到由千千万万小方格所组成的意匠纸上。一张画好的意匠图,要比小样大上好几倍。如一张16英寸×24英寸的毛主席像的意匠图纸,就有一丈长,八尺宽。在这张密密麻麻布满着千千万万小方格的意匠图纸上,精密到一个黑点都不能点错。如果在绘制凤凰图案时,把凤凰眼睛的点子点错了,织出来的凤凰眼睛,就会生在腮上、额上或嘴上。在图5-6上,可以清晰地看到,当时都锦生丝织厂开辟了

图5-6 意匠放大是厂里的第二个生产过程

[1]李超杰1956年7月进入都锦生工作,从事织锦设计工作40余年,退休前担任设计室主任一职,先后师从于著名织锦艺匠大师倪好善先生和设计大师谢启元先生。四十多年里,直接参与和主持设计的织锦产品不计其数,而其中不少都是都锦生织锦的经典传世之作,被列为当代世界上最长的丝织织锦长卷《江山万里图》就是其代表作品之一。

[2]李超杰主编:《都锦生织锦》,东华大学出版社2008年版,前言第1页。

[3]中共都锦生丝织厂委员会、杭州大学历史系编著:《都锦生丝织厂》,浙江人民出版社1961年版,第14页。

图5-7 工人们聚精会神地轧雕花板

专门的意匠室,有多位意匠人员从事意匠创作,不再是新中国成立前仅有的几位意匠技术人员进行意匠设计。

轧雕花板的工人(图5-7),按照放大的意匠图,在一定大小的坚硬纸板上,轧出一个个小圆孔。这些小圆孔直接管理经线的升起和下沉,它同意匠的黑点子一样,一个洞也错不得。因此,要设计出一幅新产品,并不是轻而易举的,需要有较长的时间。根据织物的不同内容,最少也得一两个月,多的就需要花上一年半载。像五彩的斯大林全身像,打花板两万余张,需要用两个多月的时间。

新产品的设计成功,还要根据方案的要求,经过生产工艺过程来实现。织造车间,是生产成品的主要部门,把准备车间准备好的经纬丝线,按照设计方案编织成一幅幅动人的图画。车间里这种半机械化的织机,继承了我国的传统。它通过工人们熟练的双手、卓越的技艺,在多种梭子的往返交织中,织造出具有高度艺术成就的织品。一幅织锦的完成,需穿织三万梭左右。工人们坐在织机上,双脚左右调换地往下网上踏着,经线就按照设计规格一沉一浮。熟练的双手,又轻轻地抛出一梭,这样就在结构复杂的画面上添了一笔。如果是在电力机上织造,则要求工人眼明手快,时时刻刻注意闪电般的梭子的活动,及时掉梭、换色,做到一丝不错。织成的产品,有黑白和五彩两种。黑白丝织风景画,还要经过一个特殊的着色工序。挥舞着彩笔的女工们,把黑白的风景片,抹上五颜六色,霎时变成蓝天、白云、碧湖、绿荫、红墙、黄瓦,画面更觉光彩夺目。在一份1963年《都锦生丝织厂关于参加广交会展品的工作规划》里就罗列了一次活动就需要赶制的新花样和新品种[1]:

[1]杭州都锦生丝织厂1963年《都锦生丝织厂关于参加广交会展品的工作规划》,杭州市档案馆,1963年。

表5-5 1963年应赶制的新花样

品名	规格	花名	设计完成日期
丝织像景	10×47	香港全景	8月底
小台毯		菊花	9月上旬
小台毯		月兰	9月下旬
小台毯		牡丹	8月底前试织完成
小台毯		十八学士	8月底前试织完成
小台毯		西厢记	8月底前试织完成
大台毯		梁祝	8月底前试织完成
靠垫		葛岭	8月底前试织完成
五彩风景	10×15	雁荡山	8月底前试织完成
五彩风景	10×15	和合二仙	8月底前试织完成
五彩风景		扇面	8月底前试织完成
五彩风景		万寿山	8月底前试织完成
五彩风景	10×36	任伯年四条	8月底前试织完成

应赶制的新品种：110公分独花小台毯，要求小样、意匠在9月5日前完成，轧花在9月25日完成。织造机台初步意见为261机，原织物在9月10日停止生产，在9月20日前完成改装任务。

领带计划提供10个花样，花样的设计和选挑确定应在8月10日前完成，利用现1号机原组织生产。每花生产5米，要求8月20日前生产好。这充分说明了当时都锦生织锦技艺的全面复兴，能在短时间内创作出新品种、新花样，并且每个工作流程都非常规范。

二、织锦技艺的电力革新

新中国成立不久，1952年，都锦生丝织厂接到国家定织的八万张丝织风景画的出口任务。当时，光靠几十台手拉织机进行生产，需要两年的时间来完成这一批产品。虽然当时职工们想用电力机来代替手拉机，缩短生产时间，但苦于厂里仅有的八台电力机早就被日寇烧毁了。据宋永基回忆当时的情形：

> 1952年6月间，为了减轻成本，减低售价，打开销路，就与职工商量，在厂外租一台电力机试织风景。试验成功后，遂向人民银行要求借贷二万元，专归购买电力机发展生产之用。人民银行同意借款，我就买进一台电力机。正在这时，省土产公司来订购出口用丝织风景数万张。这个数字，手拉机全部开动，亦难完成任务；于是又添置三台电力机。中百公司为了奖励我们的机械改革，宣布在六个月内收购价格不动，六个月后按照电力机的成本另订收购价，手拉机出口仍照原价收购。情况开始好转，二万元借款得以如期还清。订货任务交齐后，又试验以电力机来织造五彩台毯。经过一个时期，终亦试验成功……按照党的政策，根据本厂所有财产的特点，分别进行估价。最后确定私股为67760元。[1]

由于电力机的购买成本太贵，工人们想到根据电力机的运作方式，自行将手拉机进行改装，节省成本。当时，修机工边仁连自告奋勇地担负起了这个改装任务，有经验的老工人也自动要求参加改装机器的设计。同时，厂里又租来了一台电力织绸机进行改装。他们仔细地研究了织物的经纬组织和

图5-8 工人边仁连等在改装手拉机为电力机

[1] 宋永基：《都锦生丝织厂的回忆》，政协浙江省文史资料研究委员会编：《浙江文史资料选辑》第10辑，浙江人民出版社1978年版，第141-143页。

提花龙头的构造（图5-8），装了又改，改了又装，"经过五个月的努力，第一台织造黑白丝织风景画的电力机，终于试制成功了。这架机器比原来的手拉机效率提高了六倍以上"[1]。电力机的投入生产，成本得到了大幅度的降低，质量也有了显著的提高。过去每一寸的纬密是96根丝，现在增加到270根、360根，产品更加细致精密了。

通过这次尝试，都锦生丝织厂的"一五"、"二五"两个五年计划中，开始尝试全面机器化。梭箱由1×1单梭箱逐渐演变成为1×2单面二梭箱、2×2双面双梭箱、3×3双面三梭箱和4×4双面四梭箱[2]。梭箱越多意味着可以织入的纬线组数也越多，2×2双面双梭箱可以同时使用三组纬线，而4×4双面四梭箱则可以同时使用四组纬线。在《技术业新情况总结》中，提道：

　　……吸取了本厂……多梭自动换道的经验，并在此基础上，创造了木梭箱、单面双梭、双面双梭、双面双梭盘三梭、双面三梭、双面三梭盘五梭等六种不同结构的自动换梭装置，攀登了世界科学技术的高峰，为多梭箱结构的自动化找出了方向。到六月底，仅两个月的实践，全厂共推广了织中缎……东风网、紫来绢等不同类型的六个品种148台织机，使全厂66%以上的铁木机实现了单机自动化。这些机台经过一个时期的整顿、巩固、推广，已有78台达到或超过了原来的生产水平，其中较高的要比原来水平超过15%左右。通过技术革新和技术革命运动，促使生产飞速发展，到5月25日，已提前完成全年计划的一半，质量正品率始终保持百分之百，废料率也有所下降，到6月份达到0.170%，原料共节约了2143公斤，实现了高产、优质、低耗全面大跃进。[3]

王祖宾师傅和当时动力车间的职工一起，在双面四梭箱的基础上，又成功设计了双面八梭箱织机（图5-9）。这样，可以盘织16种不同的彩色纬线，改变了原先全靠手工抛梭织出的彩色锦绣织锦。1964年投入试生产，后因为"文革"，一度没有被用于实践生产中。直到1971年，在周恩来总理的直接关心下，王祖宾的"双面八梭箱"技法正式投产。即便是当代先进的剑干织机也远远无法达到这种效率。老员工汤焕然感慨地说：

　　以前是手拉机生产是都先生独创的，1954年用机器生产，"文革"时遭到破坏，"文革"后，工人王祖宾以"双面八梭箱"技法，用机器

图5-9　双面八梭箱织机

[1]中共都锦生丝织厂委员会、杭州大学历史系编著：《都锦生丝织厂》，浙江人民出版社1961年版，第30页。

[2]李超杰主编：《都锦生织锦》，东华大学出版社2008年版，第103页。

[3]杭州都锦生丝织厂：《技术业新情况总结》，杭州市档案馆，1963年。

织出16种颜色。这也是工人的独创，算是对都先生一生不断创新的继承吧。[1]

至此，都锦生织锦的织造技艺在引纬机构方面形成了四种织法。1）盘纬法。利用梭箱，在机器运作上配合投梭使梭箱左右交替上下运动，充分利用梭箱空间，盘织多组纬线。2）换纬法。使用简单梭箱机构如2×2梭箱虽然只能盘织三种颜色的纬线，但是可以根据换导法织出色彩缤纷的织锦画。也就是说，在这三种颜色的纬线中有两种颜色的纬线可以在织锦上连续不断出现，另一种颜色的纬线在织锦上被分段换掉。3）抛纬法。在织锦的组织结构不变的情况下，根据图案的需要，在某一部分增织一种或几种颜色的图案，通过抛纬在不起花的反面浮游于织物的正身之外，形成通经断纬的织造法。4）挖花法。实用特殊的小梭子所带的纬线在织锦图案的局部增添花纹，形成通经回纬的织造法。[2]

电力的革新使得织锦产品的产量大幅度提高。在都锦生丝织厂里，工人们传颂着这样两句话，"五台十台不稀奇，机轮旋转快如飞"。也就是说，在扩大工人看台的同时，只有提高织机的转速，才能提高质量，实际上要提高转速比扩大看台要困难得多。通过织机改良，用电力机来代替手拉机以后，提高转速成为了可能。原来以名胜古迹和秀丽景色为题材的丝织风景画运用五彩丝线直接在电力机上织出来，如《西湖平湖秋月》、《北京祈年殿》、《北京万寿山》等。它们"比水彩画显得更鲜艳，比刺绣使人感到更真实"[3]。这种电力的革新，使得都锦生丝织厂甚至还自己动手制造出切菜机、刨丝机、刮鳞机、洗碗机、加米机等11种炊事工具，代替以往笨重的手工操作，节约劳动力。[4]当然，这些技术创新也源于当时社会发展和国家的需要。李超杰曾提道：

那时我们都被一股强烈的政治风浪吹热了头脑，在"不怕做不到，就怕想不到，只要想得到，一定能做到"的口号激励下，开展了一场从未有过的技术革新和技术革命运动。我那时颇有初生牛犊不怕虎的精神，竟然提出了"一花两用"（即大台毯的花本亦可用来织小台毯）的革新命题。这个设想马上被厂部确定为向市委报喜的革新项目。厂部要求24小时内完成试样任务。这样一来，担子落在了我的身上。要完成这么一项革新，关系到工艺变更、原料变化、密度调整和花本调换……一连串的实际问题，使我感到了束手无策。好在我们设计室的负责人称"万宝全书缺只角"的张雪渔业务精通，他全力支持我的工作，由他出面联系了技术科的韩志钦、力织车间边仁连和动力车间的吴成伟等老师傅一起参与攻关。在大家的努力下，从第一天下午到第二天的早上，终于用大台毯《百鸟朝凤》的花本织出了一幅小台毯《百鸟朝凤》图。由于规格的改进使图面缩小，质地细腻，纹路清新，确实给人以新的感觉，于是就敲锣打鼓向市里报喜去了。报过喜之后，革新也算完成了。但由于纬密过大给生产上带来一系列困

[1] 汤焕然口述：《东方艺术之花——都锦生织锦艺术探析》，刘克龙著，硕士学位论文，杭州师范大学，2011年，第83页。

[2] 李超杰主编：《都锦生织锦》，东华大学出版社2008年版，第104-109页。

[3] 中共都锦生丝织厂委员会、杭州大学历史系编著：《都锦生丝织厂》，浙江人民出版社1961年版，第5页。

[4] 程长松主编：《杭州丝绸志》，浙江科学技术出版社1999年版，第466页。

[1]李超杰:《红色证书》,杭州都锦生丝织厂宣教处、办公室办:《都锦生周报》,1997年5月15日。

[2]Selznick Philip,The Moral Commonwealth: Social Theory and the Promise of Community, Berkeley: University of California Press,1992,p.235.

难,这项革新最终未能真正应用于生产。不过根据这项革新所得到的织造参数,后来又重新设计了细纬大台毯《百子图》并在60年代初期正式投产,总算还有点收获。[1]

塞尔兹尼克曾指出:"浓的制度化会以不同的方式发生。其中我们所熟悉的方式有尊从或硬化某些规则和程序,确立高度分化的组织单位,然后这些单位又形成既得利益并成为权力中心;创造行动仪式、符号和意识形态;强化'目的性',即形成统一的目标;把组织嵌入社会背景中等等。[2]"

第三节 都锦生织锦题材和工艺的新构思

都锦生丝织厂在新的历史时期,红红火火地建设发展,生产的织锦工艺也有了新的恢复和突破,用棉纱、毛绒开司米等代替丝线进行织造。如《万里长城》着色织锦(图5-10),由于棉线的交织点粗,更容易着色,使长城显得更加雄伟壮观;把平面

图5-10 《万里长城》着色织锦

织锦向立体织锦发展,如《枇杷》的浮雕织锦;设计新的五彩图案进行台毯织造,如《百鸟朝凤》等。同时,都锦生织锦的题材也烙上了时代的烙印,记录了新中国成立的新面貌,以及随后二十几年社会主义建设中所发生的重要历史事件和伟人、领袖的风貌。

一、织锦的往日风景和新气象:新西湖风景和北京十大建筑

都锦生织锦在产生最初就是以织造西湖风景出名的,西湖十景被织锦勾勒地栩栩动人。在经历了几十年的动荡以后,都锦生织锦重获新生,而西湖十景也在几十年的动荡和发展中发生了一些变化,一些景点透露出新的生机和风貌。为此,1955年都锦生织锦根据景点实地的新变化,绘制了

图5-11 《西湖断桥》五彩织锦

图5-12 《西湖雷峰夕照》五彩织锦

图5-13 《西湖南屏晚钟》五彩织锦　　图5-14 《西湖平湖秋月》五彩织锦

新的意匠图，重新制作纹版。在1958年用五彩丝线直接在电力机上试织成功以后，这些新西湖十景开始由电力机完成。它们和自然景色一样的美，比水彩画显得更严厉，比刺绣使人感到更真实，继承了我国古代山水画的清秀风格，并有西洋画明灿华丽的色彩，线条分明，色调和谐。

位于白堤南段的断桥，虽然没有了桥上的门槛，但在《西湖断桥》织锦（图5-11）上，仍有"云水光中"树和"断桥残雪"碑，贯穿西湖南北的桥堤掩映在两旁的绿树下。雷峰塔早已倒塌，但《西湖雷峰夕照》织锦（图5-12）以之前的织锦画为模本，进行创作型发挥，既保留了雷峰塔的真实原型，又对其进行再创作，以再现其"湖上两浮屠，雷峰如老衲，宝石如美人"的景色。此外，《西湖南屏晚钟》（图5-13）、《西湖平湖秋月》（图5-14）等其他西湖像景，与之前的织锦画相比，所表现出来的绿色更加青嫩，湖水更加清淡光亮，一幅早春的景色，似乎预示着百废待兴。一切都是那么的清新淡雅，给人一种浏览忘返的感觉。这批西湖风景

图5-15 《北京革命历史博物馆》五彩织锦　　图5-16 《北京人民大会堂》五彩织锦

图5-17 《北京人民英雄纪念碑》五彩织锦　　图5-18 《北京民族文化馆》五彩织锦

织锦画的规格有3.5厘米×5.5厘米、42厘米×92厘米、42厘米×164厘米不等。

除了旧景翻新貌以外，为了歌颂祖国成立以后的巨大变化，都锦生丝织厂应景生产了一大批展现祖国新面貌的织锦，如《武汉长江大桥》、《武钢之夜》都是1958年"大跃进"期间设计出来的新产品。1959年，为了向祖国十周年献礼，北京新建了人民大会堂、天安门广场等十大建筑。都锦生丝织厂也赶制了十大建筑的像景画，《北京革命历史博物馆》（图5-15）、《北京人民大会堂》（图5-16）、《北京人民英雄纪念碑》（图5-17）、《北京民族文化宫》（图5-18）等，以展示首都北京的新面貌，表达对祖国新气象的歌颂。其中，人民大会堂位于北京市中心天安门广场西侧，西长安街南侧，坐西朝东，是中国全国人民代表大会开会的地方，是全国人民代表大会和全国人大常委会办公的场所，也是党、国家和各人民团体举行政治活动的地方。人民大会堂建筑风格庄严雄伟，壮丽典雅，富有民族特色，与四周层次分明的建筑一起构成了一幅天安门广场整体的庄严绚丽的图画。"侨胞们特别喜欢它，每每不等产品出厂，早就函购一空"。[1]他们希望通过丝织画面，看到祖国母亲的变化。

二、织锦的历史见证：领袖肖像和重大事件

这个时期的都锦生织锦作品具有强烈的时代性和鲜明的政治色彩，尤其是伟人像的织造。毛泽东、周恩来、刘少奇、马克思、列宁、斯大林等领导的半身和全身像，是最常见的题材。无论是人物的音容笑貌，还是他们的面部表情，都被塑造得细腻生动，以满足人们崇敬领袖的时代需求。事实上，"在织锦艺术上，织人像最难，织伟人像更难，因为要织出他们的眼神、表情、气质来，是很不容易的"[2]。倪好善在回忆《毛主席》织锦中曾这样描述：

> 1949年6月的一天，杭州解放才一个月，下城区的领导同志来到厂里，拿出一张毛主席照片来说："你们知道吗？这是毛主席像，你们能织吗？赶紧织吧，千千万万老百姓都想看到他！"这是意想不到的好事，全厂都沸腾起来。画意匠图的任务光荣地落到我的肩上，我化（花）了一个月就完成了。当织出毛主席丝织像时，正巧引来国庆大典，职工们擎着毛主席丝织像参加游行……[3]

《毛主席》的半身像包括彩色的半身像（图5-19）和黑白的半身像（图5-20）两种。织锦以主席中老年时期的照片为蓝本，人物的面部表情被刻画得既庄重又生动。这类肖像的规格主要有3英寸×4英寸、10英寸×28英寸和15英寸×17英寸三种。1951年，都锦生丝织厂接受苏州大学丝织厂的委托，设计丝织毛主席彩色立像，经过实验，创造出了以淡玉色丝为经线，用"八枚组织点，两色混合法"绘制意匠图的方法，使多色纬

[1]中共都锦生丝织厂委员会、杭州大学历史系编著：《都锦生丝织厂》，浙江人民出版社1961年版，第3页。

[2]倪好善：《都锦生织锦艺术有传人》，政协浙江省文史资料研究委员会编：《浙江文史资料选辑》第47辑，浙江人民出版社1992年版，第154页。

[3]倪好善：《都锦生织锦艺术有传人》，政协浙江省文史资料研究委员会编：《浙江文史资粮选辑》第47辑，浙江人民出版社1992年版，第153-154页。

图5-19 《毛主席》彩色半身像　　图5-20 《毛主席》黑白半身像

线通过各组织点层层交织，产生更多的色彩变化。机械工程师据此改装织机，织出了完全合乎理想的毛主席彩色立像精品。这种织锦的方法也一直为都锦生丝织厂所运用。为了国庆等庆祝活动的需要，都锦生丝织厂还织了特大幅的毛主席织锦像。在20世纪50年代末，为了迎接中华人民共和国建国十周年，都锦生丝织厂的织锦工人和设计人员使用了左右两个2960针的提花机，合计5920针，织出了200厘米宽大型《毛泽东》画像，开创了当时的大提花织锦之最。[1]在目前上虞市长塘镇罗村发现了高1.89米、宽1.29米的《毛主席》织锦。画框为木质，红色漆，画像下方写着"毛泽东同志"，画中人物栩栩如生，画像下方印有"杭州东方红丝织厂"的字样。据称，这是60年代杭州东方红丝织厂以《毛主席去安源》油画为蓝本所出品的巨幅彩色织锦（220厘米×150厘米）[2]。当时这样的伟人肖像主要是由政府部门来丝织厂定织的，只有少数2.5寸、3.5寸的小型伟人像投入了市场。由于这种伟人像售价仅两角钱一张，比纸印的贵不了多少，但比纸的要牢固而美观，因此很受市场的欢迎。

　　除了人像织锦以外，都锦生丝织厂还设计和织造了一大批毛主席不同时期不同地点的工作织锦像，记录了很多重要的历史事件和历史时刻。如《毛主席在甲板上》织锦（图5-21）中，毛主席穿着浴衣在甲板上挥手致

[1]李超杰编著：《都锦生织锦》，东华大学出版社2008年版，第63页。

[2]朱韶蓁：《谁能修补特大毛主席织锦像》，《钱江晚报》2009年11月3日。

图5-21 《毛主席在甲板上》织锦　　图5-22 《你办事 我放心》织锦

图5-23 《毛主席在延安工作》织锦　　图5-24 《1961年毛主席在杭州工作》织锦

意，刻画了毛主席在快艇上检阅正在同江水搏斗的游泳大军。《你办事 我放心》织锦（图5-22）描述的是毛主席亲切接见华国锋的场景。而《毛主席在延安工作》织锦（图5-23）、《1961年毛主席在杭州工作》织锦（图5-24）、《毛主席在飞机上工作》织锦（图5-25），虽然是不同的时间和不同的场景，但都记

图5-25 《毛主席在飞机上工作》织锦

录了主席废寝忘食的工作状态，"为了全国人民的幸福，终日不辞辛苦地工作着，即使在一万米高空的飞机上也不轻易地放过一分一秒的时间" [1]，表现出人民对主席的崇敬和爱戴。透过这些人像织锦画，去解读1950—1978年间不同的历史阶段，同样可以对那段历史有新的认识和发现。据都锦生织锦博物馆介绍，曾在2007年5月专门推出毛泽东织锦伟人像专题展，共展出20世纪50年代以来85幅毛泽东主席织锦像精品。为了表达对伟人的敬仰，还对毛主席的笔墨作品进行了织锦创作，如《长征》（图5-26）、《水调歌头·游泳》（图5-27）、《沁园春·雪》、《浪淘沙》等。自从《总理遗嘱》黑白织锦中对孙中山的遗嘱文字用织锦的方式织造以来，虽然在一些古画作的创作中，也会配一些诗句，但如此大面积大幅度地进行书法

[1]中共都锦生丝织厂委员会、杭州大学历史系编著：《都锦生丝织厂》，浙江人民出版社1961年版，第2页。

作品的文字织锦创作还是第一次。尤其是《水调歌头·游泳》织锦，通过经纬线的织造，再现了毛主席的狂草笔锋。通篇章法布局乱而有秩，气势磅礴，凶狂俊逸，变化跌宕，不失为一幅精品织锦。

为了政治的需要，都锦生丝织厂还设计出一批织锦来歌颂当时许多国家之间的友谊，如中苏友谊、中朝友谊等。《武汉长江大桥》（图5-28）织锦画中，在浩瀚的长江上，一桥飞架，既沟通了祖国南北各大城市，也联接了武汉三镇。桥下点点白帆和万吨巨轮，承风破浪，往来奔忙。从桥的一端

图5-26 《长征》织锦

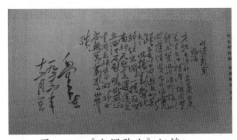

图5-27 《水调歌头》织锦

俯瞰，武昌全景映入眼帘。雄伟的大桥，融汇了千百万劳动人民的智慧，凝结了中苏两国人民牢不可破的友谊。再如一幅以1917年列宁和斯大林的历史性会见为主题的织锦画《一九一七年的会见》（图5-29），反映了1917年4月3日，列宁经过长期流亡生活以后，回到俄国，与斯大林在别洛斯特洛夫车站附近的河畔会见的场景。列宁披着一件大衣和斯大林紧紧地握着手，在他们激动而愉快的脸上，显露出对无产阶级革命事业的无限忠诚和胜利的信心。又如《三千里江山》表现了朝鲜革命。为了慰问抗美援朝的战士们，都锦生丝织厂曾特地赶制了1.3万幅规格为10英寸×14英寸的《北京天安门》（图5-30）和《克里姆林宫》织锦画。

图5-28 《武汉长江大桥》织锦

图5-29 《一九一七年的会见》织锦

图5-30 《北京天安门》织锦

三、织锦的新突破：浮雕面和台毯

在1959年4月，为了向"五一"节献礼，都锦生丝织厂的工作人员大胆设想，准备尝试制作浮雕型的毛主席丝织像。事实上，在1958年的生产跃进大会上，大家就曾引经据典，认为这种想法是不可能实现的幻想，原因是：第一，自古以来，丝织物都是平面的，没有凹凸型的；第二，国际的文献中也找不到织这种浮雕的根据。但是，老工人们凭着多年的设计经验，认为这不是幻想，可以试试看。通过实际的试验，证明织物果然能变成浮雕型的。虽然书本上找不到的理论，但在手拉织工的实际操作中可以找到，从而大大地坚定了人们的设计决心。在全部凸面的基础上，运用挖花技术，织成浮雕型像。这在丝织工艺的文献资料中是第一次运用立体编织的方法。

为此，在随后建国十周年的欢庆上，都锦生丝织厂织造了一幅由当时浙江美术学院（现中国美院）教授黎宾鸿先生创作的200厘米×300厘米五彩七色的毛主席全身浮雕型像。在这幅像的设计阶段，两个意匠工人花了四五个月的时间，花板打孔达十万张左右，将四台丝织提花机拼接成一台特大型的丝织提花机，使用了30余种彩色丝线来织。在平挺的底板上，设计一至五层棉纱芯纬线组织，以显示浮雕凹凸的立体感，上面再设计金黄色丝线的头像组织，浓淡与下面凹凸相适应。这样织成的头像，就如一尊金色的浮雕。[1]织就这幅浮雕型像所使用的设备、花用的人力、产品的规格等均堪称当时世界织锦之最，轰动了新闻界和文艺界。《杭州日报》专门对这件作品作了专题报道，杭州话剧团还编演了一台名为《万紫千红总是春》的话剧，描写的就是当时的织锦职工敢于破除迷信、解放思想、勇于创新的热烈场面。由于这种大型的五彩像景实在难度太高，无法批量投产，所以浮雕型像在之后被搁浅。但这种浮雕像所采用的挖花技术，被运用到北京人民大会堂的"东风缎"、北京人民大会堂的织锦台毯以及后来的名画创作中。20世纪60年代初，设计师倪好善先生和织锦师傅一起，利用袋织填芯的织物组织结构，采用真丝、人造丝和毛绒开司米作纬线，把画家齐白石先生[2]画的《枇杷》作品试制成了织锦浮雕画，为织锦的品种做出了又一次开拓性的尝试（图5-31）。《枇杷》浮雕织锦通过凹凸的立体感，将齐白石所描绘的枇杷金灿灿的果实、肥厚的叶片、挺劲的枝干生动地表现了出来，果实藏露有致，枝叶俯仰掩映，墨色交辉，在有限的空间内表现了丰富的内容。

[1]倪好善：《都锦生织锦艺术有传人》，政协浙江省文史资料研究委员会编：《浙江文史资料选辑》第47辑，浙江人民出版社1992年版，第155页。

[2]齐白石，名璜，字萍生，号白石、白石翁、三百石印富翁等，湖南湘潭人，书画篆刻艺术大师，曾任全国美术家协会主席。1956年世界和平理事会授予其和平奖。年逾九十尚作画不辍，为现代世界最有名画家之一。

图5-31 《枇杷》浮雕像景
（都锦生织锦博物馆陈列）

与像景织锦、绘画织锦相比，实用织锦虽为实用品，但其艺术价值和美术欣赏性同样不逊色于像景织锦和绘画织锦，其制作难度和复杂性也不亚于像景织锦和绘画织锦，尤其是五彩台毯的织造。虽然在解放前，都锦生丝织厂也曾在云锦的启发下生产出了《明皇夜宴》这样的五彩大台毯，在20世纪30年代的美国博览会上被誉为"织锦之花"，但当时的技术水平还相当不成熟，产量也非常小。随着经锻地上起纬浮花工艺的不断成熟，在提花机上恢复织造台毯，少时用三种颜色的纬线，最多时能用到九种颜色的纬线。不同的纬线颜色在织物表面同时表现出来，实现两组纬色相互混合和过渡（即晕裥锦），产生出多种色彩层次，形成各种色彩的景物。这样，织造出来的织锦花纹如绣花品，花样明暗过渡均匀，富有立体感，色彩鲜艳明快，手感细腻光洁。五彩大台毯的题材多采用楼台亭阁、仕女山水、松柏仙鹤等[1]，整幅图案较完整地表现出一个个人们喜闻乐见的故事情节。由于五彩台毯组织细腻、织物厚重，在每条1.92米的长度中，重量能达0.807千克，相当于两条七彩被面的重量。[2]

倪好善大师在1955年就接受了三个月内完成七个台毯新花本的设计任务，与其他工厂合作，共同完成了《湖上春节》、《百鸟朝凤》、《百花齐放》、《西厢故事》等台毯的纹样、意匠图和花板设计。由于台毯所花费的人造丝量很大，台毯的中间会产生一条中线，为此，都锦生丝织厂的工人们通过改装机器，使新的台毯节约人造丝18%，并消灭了其中线，增加了中心自由花。为了能设计出华美的台毯，工人们仔细捕捉日常生活中的情景。

一次，工人蔡友根正在设计"凤采牡丹"的台毯，总感到围绕牡丹飞翔鸾凤的舞姿不够轻柔优美，突然想到灵隐寺的一堵墙上，绘有一幅"鸾凤图"，于是他就立即前去细心观察。这样，设计出来的鸾凤，既新颖超脱，轻柔妩媚，又古色古香，具有优美的中国民族风格。[3]

在五彩大台毯中，最为出名的当属1959年都锦生丝织厂生产的规格为136厘米×136厘米的大台毯织锦画《百子图》（图5-32）。画稿源自浙江

[1]黄勤刚：《五彩大台毯的织造》，《丝绸》1988年第10期。

[2]黄勤刚：《五彩大台毯的织造》，《丝绸》1988年第10期。

[3]中共都锦生丝织厂委员会、杭州大学历史系编著：《都锦生丝织厂》，浙江人民出版社1961年版，第13页。

图5-32 《百子图》台毯部分
（都锦生织锦博物馆陈列）

[1]倪好善：《都锦生织锦艺术有传人》，政协浙江省文史资料研究委员会编：《浙江文史资料选辑》第47辑，浙江人民出版社1992年版，第156页。

[2]李超杰编著：《都锦生织锦》，东华大学出版社2008年版，第46页。

省桐乡县的一位民间老艺人鲍月景老先生的设计。织锦台毯依赖七种彩色丝线，将《百子图》画面上的180余个古装婴童在百花园里嬉戏玩耍的情节完美地表现出来。他们的衣缕不同、神态各异、面容雅稚、天真活泼，与花园里的一草一木相映成趣、逗人欢爱、引人入胜。一个外国参观团参观后，惊叹道："艺术是像神话一样的美！"[1]和《百子图》大台毯配为姐妹篇的是20世纪70年代从浙江美院毕业的设计人员创作生产的96厘米×136厘米长台毯《秋庭婴戏图》。该五彩织锦台毯由五组彩色纬线编织成婴童嬉戏的情节。织锦画将画稿中的庭院、假山、花卉、人物等，体现得淋漓尽致，画面中的风景背景和嬉戏中的儿童，显现得相得益彰，浑然一体。几十年来《秋庭婴戏图》的长台毯仍在丝绸行业中被广泛地移植使用。[2]此外，还有《西厢人物》、《大观园》、《松风迎客》等台毯，设计者将人们耳熟能详的传统故事和历史传说织进台毯，大大拉近了与大众的距离，被北京人民大会堂等收藏。

除了台毯以外，织锦床罩和靠垫（图5-33）也大量运用五彩台毯所运用的起纬浮花工艺。都锦生织锦精品之一的《孔雀牡丹》（图5-34）大床罩，因其图案是两只栩栩如生的孔雀，中间配以盛开的牡丹，故命名为"孔雀牡丹"。该床罩属于独幅大扎花织锦，它的组织结构采用绒与罗纹

图5-33　靠垫　　　　　　　图5-34　《孔雀牡丹》床罩

相结合的方式，显现得雍容华贵，是中国传统文化中喜庆的象征，曾为北京钓鱼台国宾馆专用。这些实用织锦，充分考虑了现代生活的需要，比其他织锦更具有广泛的实用性和装饰性。

第四节　都锦生织锦的外交使命

为了改变新中国成立时都锦生丝织厂所面临的困局，人民政府积极组织丝绸企业参加物资交流会。1952年举办的"省秋季物资交流大会"就使都锦生丝织厂销售出风景片、伟人像80037片，随后的"华东区物资交流大

会"销售出13000片，"北京华北区物资交流大会"销售出3600片，如此一来，三次交流会总共销售出了丝织像景片近10万张[1]。这不仅给企业带来了生机，也极大地提升了都锦生织锦在国内的声誉。与此同时，在政府的组织下，都锦生织锦出口苏联和东欧地区，参加苏联和各人民民主国家举行的展览会，不但为我国换取了大量工业建设的技术和原材料，也拓展了国外市场，使更多的外国人了解、熟悉都锦生织锦。1951年春天，在德意志民主共和国莱比锡展览会上，在捷克斯洛伐克首都布拉格的展览会上，展出的马克思、恩格斯、列宁、斯大林和毛主席的大幅丝织彩色肖像，获得了国际友人的一致赞赏。当时，捷克斯洛伐克三位著名的画家赞叹说："我们从来也没有看见过这样突出的丝织品。"为此，捷克斯洛伐克政府特地通过我国当时的贸易部门，向丝织厂定织了他们敬爱的领袖哥特瓦尔德的丝织像。据回国的记者回忆说："这些绮丽多彩的丝织工艺品，一到捷克斯洛伐克，马上被顾客争购一空。"苏联友人也用高度概括的词，以热情洋溢的语言，"可爱的人民，奇异的手，绝妙的织品"[2]，生动而深刻地赞扬了都锦生织锦。国家在1949—1950年制作的大型纪录片《锦绣河山》系统地介绍了杭州的都锦生织锦，使原本具有较高知名度的都锦生丝织厂更为国内外观众所熟悉。

[1]杭州市档案馆：《杭州市丝绸业同业公会档案史料选编》，1996年，第37页。

[2]中共都锦生丝织厂委员会、杭州大学历史系编著：《都锦生丝织厂》，浙江人民出版社1961年版，第18页。

一、国礼：乒乓外交

作为有一定历史的老厂，都锦生织锦的工艺技术、历史文化，吸引了国内外的宾客，为此，都锦生织锦经常被作为国礼的首选，赠送给国外友人，充当传递友情的美好使者。

1949年12月毛泽东主席准备访问苏联，恰逢斯大林同志的七十寿辰，送什么给他，以表示当时中苏的友好关系呢？国务院办公厅下达给杭州都锦生丝织厂定制斯大林的元帅像（图5-35）和斯大林戎装立像的五彩织锦（图5-36），作为珍贵的国礼。其中，斯大林的戎装立像画作由徐悲鸿、齐白石、何香凝共同绘制完成。都锦生丝织厂接到任务后，采用五彩真

图5-35 《斯大林元帅像》黑白织锦

图5-36 《斯大林戎装立像》五彩织锦

丝，老工人倪好善、蔡友根担任总设计，章子龙、陈芝培担任力织，全厂职工全部被动员起来，参加设计工作，单这幅五彩的像片光是纸板就用了2400多张。在大家的齐心合力之下，只花了22天时间，经过54道工序精制而成，比预期三个月提前了两个多月的时间。斯大林元帅的丝织像是新中国成立后外交上的第一份国礼，不仅具有极高的丝绸织锦工艺技术含量，还见证了当时中苏的友好往来，现在被珍藏于格鲁吉亚斯大林博物馆。随后都锦生丝织厂相继为许多发展中国家的元首创作了肖像丝织品作为国礼赠送，以表示相互间的友好交往。如1956年为印度尼西亚总统苏加诺织造的总统肖像，1957年为保加利亚总统季米特洛夫织造的肖像等皆为都锦生织锦的肖像产品。

　　除此之外，最引人瞩目和自豪的就是，被誉为"小球推动大球"的乒乓外交中，都锦生织锦所扮演的角色。1971年春天，31届世界乒乓球锦标赛在日本名古屋市举行。比赛期间，中美两队曾多次相遇，但没有任何交集。在一次比赛结束后，运动员们都坐车返回驻地。美国的乒乓球运动员格伦·科恩（Goren Kohn）掉了队，无意中错搭上了中国乒乓球代表团的班车。当时正在车上的我国著名运动员庄则栋主动向科恩问好，并从手提包中选出一块都锦生织锦画，他对科恩说："虽然美国政府对中国不友好，但美国人民是中国人民的朋友，为了表示中国运动员对美国运动员的友谊，我送你一副中国杭州的织锦留念。"[1]科恩高兴地接受了这份礼物，一边看一边兴奋地说："谢谢！"还竖着拇指说："中国乒乓球队是世界上最好的球队，祝你们继续取得好成绩！"正在交谈时，车到了体育馆，车门一打开，许多敏锐的日本记者看到中国车上出现了一位美国运动员，迅速拍下了他们之间的照片。很快，两位运动员拿着西湖织锦画握手、交谈的照片（图5-37）出现在《朝日新闻》、《每日新闻》等各大报纸的显著位置，引起世界轰动。因为这是中美隔绝二十多年以来两国运动员在公开场合的第一次友好交往。庄则栋回忆这段往事时说：

[1]袁宣萍：《西湖织锦》，杭州出版社2005年版，第171页。

图5-37　庄则栋和科恩握手的照片
（都锦生织锦博物馆陈列）

　　那位美国运动员科恩，自接受我的礼物后心情非常激动。他经常拿着我送的杭州西湖织锦，高高举在头顶，一边哇啦哇啦喊着，一边在体育馆内走来走去。有一天，他看见我们排着队进场比赛，他发现我后，跑过来一把把我拉进赛场内一个由记者围着的圈子。他把我送的织锦拿在手里，把一件别着美国乒协纪念章的美国短袖运动衫作为礼物送给我。我们又在一起照了"礼尚往来"的许多像。第二天日本各大报纸又出现了我和科恩交换礼物的巨幅照片、文章和评论。[1]

[1]庄则栋、佐佐木敦子：《邓小平批准我们结婚》，红旗出版社2003年版，第276—277页。

中国队的友好态度，深深触动了美国代表团副团长哈里森。他来到中国代表团驻地，提出访华要求。代表团立即向国内报告，经过中央讨论决策，美国乒乓球队在当年的4月10日对中国进行了访问。此后两国又通过第三国进行了几次传话，终于实现了1971年7月美国总统安全事务助理基辛格博士的秘密访华，为尼克松总统1972年2月的中国之行及后来的中国建交打下了基础。谁能想到中美两国的乒乓外交，由一块小小的都锦生织锦拉开了序幕。而庄则栋送给美国运动员科恩的那幅织锦《黄山云笼石》(图5-38)也被更多的人熟知，不仅仅是它的魅力，更重要的是

图5-38　《黄山云笼石》织锦

它的历史价值，见证了中美两国人民的友谊。1990年江泽民主席访问苏联时作为国礼赠送的《列宁肖像》织锦画；1998年，美国总统克林顿夫妇来华访问所赠送的一幅名为"克林顿总统和夫人"的织锦肖像画，都是由都锦生丝织厂专门设计制作的织锦礼品，此乃后话。

二、参观和教育基地

除了作为国家领导人出国赠送礼品的最佳选择外，都锦生织锦的生产车间也成为国内外贵宾学习参观的场所。早在1954年都锦生丝织厂就被列为外宾参观的单位，毛主席、周总理、朱德、彭真、陈毅等国家领导人，印度尼西亚总统苏加诺、苏联最高苏维埃主席伏罗希洛夫、柬埔寨西哈努克亲王等贵宾访问杭州时都到丝织厂内参观。伏罗希洛夫同志还热情洋溢地赞扬了这里优秀的工艺品和工人的艺术才能，并在留言簿上写道："这是一个美好的工厂。"[2]这样一来，接待参观，尤其是接待省市国家领导人及外宾，成为企业除了生产以外很重要的一项日常工作。

[2]中共都锦生丝织厂委员会、杭州大学历史系编著：《都锦生丝织厂》，浙江人民出版社1961年版，第12页。

如1954年8月19日八点一刻接待印度工会代表三人，都锦生丝织厂以工会副主席的名义出席招待。招待员陈子望把厂史及业务生产情况做了简略

介绍后，陪同前往各主要车间、部门依次参观。因休息时间，三位代表先后发问了有关公私合营、工人的工资福利及其他劳资之间的问题。厂领导认为这种"纠缠不息发问长达半小时之久……有向上级组织（中共杭州市委工业部）汇报的必要，并请指示，以便今后注意纠正"。在汇报中，严格记录下了所有的问答：

> 我厂因今年四月份刚才公私合营，公私投资额尚未正式计算确定。今后分红是按照企业所赚得利润根据资本额大小比例以四马分肥公平合理的原则分配。资本家可以自由支配自己所得到的红利。公股把应所分得红利上缴国库。资本家可以自由随时增加资金，国家根据需要和可能今后将有计划地增加资金，逐步扩大，因为这是合符社会的要求的。合营后资方仍然有职有权，遇有重大的事情公私双方随时协商解决，相互尊重，因此相处得很好。资方代理人的待遇约是160多万元。公方派来的厂长因为也是一个专家，因此所得待遇相差不大（这一点是我们所强调的，但也有一点客观的因素。我们恐怕他发问政府派下来的人不懂生产如何领导掌握管理企业，为此特别强调）。……[1]

[1] 杭州都锦生丝织厂：《都锦生丝织厂来宾参观接待》，杭州档案馆，1954年。

因为担心有其他不好的影响，除了问答以外，汇报中还记录了其他相关事件：

> 发问至九点零五分结束。然后该三代表强要摄影工会会场（即是招待他们休息谈话之处）。由该代表二人及陪同人员和我厂招待员等若干人并坐后以领袖像、国旗为背景合影二张。同时，该三代表先后任自在该会场拍摄柱上红色宪法宣传标言等多张。出厂门时因我们不及准备，该代表一人巧遇一临近小孩（女），又强要拍摄，陪同人员及我厂招待员婉然拒绝，提出意见，企图阻扰其拍摄，但终然无效，我们又无可奈何。该片背景极坏：是一家小吃食店门口外面放着一张破桌、几条凳子、缸及竹竿等，上空晒有破烂不堪零乱衣服布条，还有几个路及装卸工人赤着膊、挂着衣服，也有提着篮的，恐其存有不良意图。特将该代表在我厂参观行动作上述报告，是否有当，敬请指示。

后来英工党代表团来厂参观作准备工作时，丝织厂领导又一次明确提到接待参观的重要性：

> 对接待及保卫人员加强思想领导，再次讲明这次参观的政治意义及其重要性，使他们在思想上更明确自己所担负的重大责任，同时还……在会议上提出讨论有关许多代表团可能提出的问题，如（公私合营情况，劳资关系等问题），我们也作了研究如何解答这样也就统一口径，不致会你这样讲，我这样讲，而引起代表团的怀疑。[2]

[2] 杭州都锦生丝织厂：《都锦生丝织厂来宾参观接待》，杭州档案馆，1954年。

党、工、团组织担负着政治思想动员工作，与生产管理工作一起，共同构成了丝织厂日常的运转。在1955年都锦生丝织厂还专门编写了《都锦生丝织厂来宾参观接待工作计划》，提出"克服以往对接待工作的任务观点及怕麻烦等的应付态度，特别是通过这次会议的传达必须纠正把接待工作当作'额外负担'的错误思想"。随后，丝织厂从各个部门抽调了人员，组成接待工作组（表5-6）。工作组成员基本由党员、共青团员或政治思想上先进的人员组成。按退休员工回忆：

> 这（每次的接待）是厂里的一件大事，属于上级下达的政治任务，不亚于生产呢，那时感觉可自豪了，走出去只要报都锦生三个字，腰杆子都很直的。[1]

仅1957年一年，都锦生丝织厂就接待了40多个国家的外宾。有的是到杭州游览时顺便来参观的，有的则是专程来访的。敬爱的周恩来总理亲自三次到厂参观，并在1957年3月批示："都锦生织锦是中国工艺品中的一朵奇葩，是国宝，要留下去，要后继有人。"[2]

[1]都锦生丝织厂退休员工口述，2009年5月21日接受访谈。

[2]都锦生丝织厂：《都锦生丝织厂简史（内部资料）下编》，1982年，第12页，转引自刘克龙《东方艺术之花——都锦生织锦艺术探析》，硕士学位论文，杭州师范大学，2011年，第10页。

表5-6　都锦生丝织厂来宾参观接待工作组

姓名	性别	工作职务	备注
蔡嘉然	男	党支部书记	本组负责人
洪五木	男	总务课副科长	工会主席
孔克强	男	绘图员	中共党员
宋崇濂	男	财务课副科长	
李文兰	女	原料保管员	中共党员
朱俊娥	女	文书	中共党员
张承模	男	车间管理员	
蔡燧生	男	保卫干事	青年团员
陈子望	男	基建员	青年团员

资料来源：整理自《都锦生丝织厂来宾参观接待工作计划》附件，杭州档案馆，1955年。

表5-7　1956年都锦生丝织厂接待参观情况表

接待参观总计	603批，16885人	其中	国内来宾		259批，13117人			
			国外来宾		344批，3768人			

国内来宾			国外来宾					
项目	批	人	国名	批	人	国名	批	人
首长	61	245	苏联	113	1389	日本	10	135
党代表	3	415	波兰	13	62	印度	9	83
浙江军区	17	817	捷克	9	50	印度尼西亚	22	652
机关	11	515	匈牙利	8	61	巴基斯坦	3	10
工厂	15	1255	罗马尼亚	7	18	埃及	4	14
学校	59	4413	朝鲜	9	284	锡兰	2	7
农学院	1	50	越南	16	275	缅甸	2	18
教育工会	11	517	蒙古	7	76	泰国	3	7
教育代表	3	325	民主德国	18	160	马来亚	4	81
农业代表	3	110	南斯拉夫	3	13	老挝	1	5
医院	2	110	阿尔及利亚	2	5	高棉	1	8
公安机关	3	45	冰岛	4	14	柬埔寨	2	7
疗养院	8	549	阿根廷	4	40	苏丹	2	4
民主青年	3	182	瑞士	2	8	以色列	1	2
华侨	19	882	瑞典	1	2	新加坡	1	4
民族参观团	26	1362				伊朗	1	5
民主建国会	13	1325				叙利亚	2	5
						黎巴嫩	1	2
						米西克	3	5
						乌拉圭	1	2

国名	批	人
美国	2	4
英国	7	22
西德	6	25
丹麦	2	13
芬兰	3	16
比罗	1	5
新西兰	3	11
澳大利亚	4	15
意大利	2	14
巴西	3	20
智利	3	27
挪威	2	4
墨西哥	2	3
奥地利	2	16
西班牙	1	2
希腊	2	4
加拿大	2	4
比利时	1	25
葡萄牙	1	2
危地马拉	1	2

资料来源：杭州都锦生丝织厂《接待参观情况表》，杭州市档案馆，1956年。

都锦生丝织厂在接受参观时，不仅仅是在宣传它的生产工艺和技术，更重要的是作为一个爱国主义教育基地，宣传其社会主义化程度和社会主义的经营生产方式。在1956年的接待参观统计表5-7中，可以清晰地发现，无论是有意还是无意，表格把接待外宾划分成社会主义阵营、中间地带和资本主义阵营。社会主义国家和发展中国家前来参观学习的有272批次，人数达到3345人，特别是中国周边的国家的交流和友好往来。越南前后共派出的390名长期实习生中，专门分配了工人13名，技术员2名，工程师1名到杭州东方红丝织厂（即都锦生丝织厂）学习丝绸加工技术（花机），除了进行技术交流外，还和他们进行了长时间的《毛主席语录》的思想交流，因为越南是社会主义阵营的兄弟。[1]我国著名的剧作家田汉先生在参观都锦生丝织厂后，就曾提笔吟诗一首："图师巧组千丝像，织女轻抛十彩梭；莫道蒲公英子校，一吹吹起亚非波。"蒲公英借指由画家吴凡先

图5-39 《吹蒲公英》彩色织锦

[1]杭州都锦生丝织厂：《1963年接待外宾工作总结》，杭州市档案馆，1963年。

生的版画《吹蒲公英》织出的一幅彩色绘画锦（图5-39）。画面上一个女孩围着蓝色围兜跪坐在地上，吹动着蒲公英，旁边放着一个篮子。

外宾通过都锦生丝织厂的织锦技术、丝织厂的变化来了解新中国所发生的变化。1972年，为了外宾参观的需要，根据周恩来总理的指示，厂名改为"杭州织锦厂"。1983年，同样因为外事的需要，重新更名为"杭州都锦生丝织厂"。

第六章　都锦生织锦的契机与挑战
（1979—）

　　1978年党的十一届三中全会拨乱反正后，中国进入了由计划经济向市场经济体制过渡的经济转型期。在新时期里，经济形态和资源配置方式都相应地发生了变化。宏观经济体制的转变必然带动微观的国有企业组织结构的变化、实践形态的变化。都锦生丝织厂作为对外开放单位，根据自身的特点，及时调整产品的方向，设计、生产出众的旅游工艺产品，以满足市场的需要。都锦生织锦不断增加新品种、新花式，形成了"锦花"牌装饰织锦（台毯靠垫、床罩、窗帘等），"厂字"牌风景织锦、丝织像片，"飞童"牌人丝织锦缎和古香缎等三大系列，焕发出新的活力。在2001年企业改制以后，都锦生不仅作为国家级非物质文化遗产被保留和传承下来，更重要的是它要在市场中将"高、精、尖"的产品定位发扬光大。

第一节　都锦生丝织厂的改制与转型

　　1979年开始，国家对整个丝绸行业采取扶持政策，放权让利或实行减免税，以便丝绸业的全面复苏。都锦生丝织厂作为首批扩大企业自主权的试点企业，也开始大力发展生产，对生产车间、辅助生产车间、接待用房等基本建设大规模扩建，到1983年时，全厂基建开工和投入使用项目达到20166平方米[1]。随着市场份额的自主调配，企业面临着个体经济、集体经济的冲击，原来的分配制度发生了很大变化，都锦生丝织厂在全面深入推行国有企业改革中，既要保护好老字号这一民族瑰宝，又要多元化发展，迎接各种挑战。

[1]《都锦生改革开放三十年大事回顾》，http://www.djssy.com/show_hdr.php?xname=PBANIUO&dname=TEDEAUO&xpos=25。

一、都锦生丝织厂的国企改革

在计划经济体制下，杭州的丝绸企业的生产经营全依赖于国家的计划调控，主要为外贸和商业部门加工订货。国家放开以后，丝绸行业逐步实行企业改革，转换经营方式，企业由"生产加工型"向"生产经营型"转变。作为首批自主生产的试验企业，都锦生丝织厂根据周恩来总理生前所规定的"不是黄色的，不是丑恶的，不损国体的"三条原则努力恢复，大胆创新，以丰富工艺产品的内容。丝织厂基本上每年都要推出18—22个新品种，40—50个新花样，丝织色彩从过去的2色增加到13-15色，产品从单一的丝织风景画扩大到织锦绸缎、装饰丝织工艺品和丝织工艺品三大类近千个品种和上千个花样。[1]1978—1982五年的记录表（表6-1）上清晰地反应出这一特点。

[1]肖贻、崔云溪主编：《中国资本主义工商业的社会主义改造（浙江卷）》，中共党史出版社1991年版，第530页。

表6-1 1978—1982年都锦生丝织厂推出的新品种、新花样　　单位：只

年份	新品种	新花样	恢复传统产品	其他
1978	9	25	9	
1979	14	26	12	
1980	14	40		装裱锦26只，风景28只
1981	18	36		新包装2只
1982	18	48		订货新花式14只

注：都锦生织锦博物馆《都锦生丝织厂简史》1997年版，第4页。

鉴于都锦生织锦的市场声誉，而都锦生丝织厂的厂名更能体现出都锦生织锦的特点，因此在1983年都锦生丝织厂恢复了"都锦生丝织厂"的厂名。随着国家外贸体制改革的展开，1988年9月，都锦生丝织厂经由国家经贸部批准，成为首批获得外贸经营自主权的企业。这样一来，在完成国家指令性计划任务的基础上，都锦生丝织厂在一定程度上得到了生产经营计划决策权、原材料选择权、部分产品的自销权和定价权、企业管理结构设置权和中层以下干部的任免权，等等。丝织厂专门建立了经营销售部门（图6-1），负责本企业产品的销售任务。正如都锦生丝织厂在创立之初所建的营销点一样，还在北京设立了经营机构。

图6-1 都锦生丝织厂在杭州的销售部

企业的领导体制从原来的党委领导下的厂长分工负责制变为厂长责任制，即厂长（经理）对生产经营工作全面负责，党组织发挥政治核心作用，职工进行民主管理。每届厂长的任期为4年。在劳动用工、人事管理和分配在内的三项机制改革方面，丝织厂改"等级工资制"为"岗位工资制"，推行劳动用工合同制和干部聘任制。人类学家罗丽莎在当时对丝绸厂的工人们进行访谈中提道："岗位工

资通过将毛式生产的'集体性'转变为个别衡量制使得工人们更紧张地劳动"[1]。

岗位工资制适用于工人却不约束干部，它替代了基于资历的旧制度，而完全按照工作岗位或工种来定工资。工资被分成五大类，由高到低分别是：（1）织布，（2）纺纱，（3）备料和质检，（4）运输，（5）杂活，包括扫地、机器清洁、餐厅工作等。织布在各类工作的最顶端，工资也就最高，其他各类依次各比上一类少五到十元。……厂里现有的工人中，按照老制度老工人的资历使他们的工资已经超出新制度额度的，将保留其原有工资水平到退休，原有工资还没有达到最高工资的将被逐步提升上去。……工人的奖金基于对每个人工作的计件。工人完成了预定的工作定额后，即可拿到基本工资。他们可以通过个人奖金挣基本工资以外的钱。[2]

工资的制定标准不再是资历而是工作岗位，服务性工作被列入最低档。1989年5类岗改为6类，丝绸厂的管理者将每个工人固定在一个相对稳定的工作空间上。

在杭州市丝绸工业公司等部门的牵头下，各个丝绸企业开始学习苏州、吴江等地丝绸行业实行经济责任承包的经验。1986年由市公司经理与18家全民所有制工厂厂长签订了1986年的经济责任承包合同。同年7月，市政府部署工厂企业普遍推行承包责任制。1987年第3季度，市丝绸工业公司代表行业与市政府，然后再代表政府与所属23家全民企业厂长，签订了"一定四年不变"的第一轮经济责任承包合同（表6-2）。都锦生丝织厂也签订了经济责任承包合同，每年都需在上年的基础上实现利润递增3%。

表6-2　杭州市属丝绸企业第一轮承包主要经济责任目标

承包年度	实现利润（万元）	减去还贷（万元）	减去"二金"（万元）	实际计税利润（万元）	入库利润（万元）	备注
1987	8638	911	221	7506	4125.9	
1988	8520	811	203	7506	4125.9	"二金"指奖金、福利基金
1989（递增3%）	8745	811	203	7731	4250	
1990（递增3%）	9132	811	203	8118	4462.5	

数据来源：程长松主编《杭州丝绸志》，浙江科学技术出版社1999年版，第88页。

然而，各丝绸企业实际完成的情况（表6-3）并不理想。每年承包的实际完成数额越来越达不到目标的要求。这不但没有使企业增长利润，反而成为企业巨大的负担。当然，这和当时新兴崛起的一批集体经济和个体经济企业有关，大规模的私营企业开始进入丝绸经营市场（表6-4）。尤其是

表6-3　杭州市属丝绸企业完成第一轮承包责任目标实际成绩

项目	合计	1987年	1988年	1989年	1990年
承包计税利润（万元）	2953.6	7197.2	7177.2	7363.2	7796
实际完成数（万元）	30401	8654.5	7662.4	6848	7236
+金额（万元）	+867.4	+1457.4	+485.2	−515.2	−560
上交入库利润（万元）	15936.4	4543.6	4401.7	3940.1	3051
企业留利（万元）	13401.1	4111	3260.7	2987.4	3042
承包企业数（个）	23	23	23	22	22
完成承包数企业（个）		23	22	11	22

数据来源：程长松主编《杭州丝绸志》，浙江科学技术出版社1999年版，第88页。

[1]［美］罗丽莎：《另类的现代性：改革开放时代中国性别化的渴望》，黄新译，江苏人民出版社2006年版，第114页。

[2]［美］罗丽莎：《另类的现代性：改革开放时代中国性别化的渴望》，黄新译，江苏人民出版社2006年版，第112页。

在1987—1990年，它们成立时间短、规模小，更容易调整自身去适应市场的需求份额，都锦生丝织厂等在内的全民所有制企业的生产经营工作遇到了巨大困难，经济效益出现较大的滑坡。这种情况在都锦生出口创汇的统

表6-4　杭州市属丝绸工业1978—1993年主要经济指标实绩

年份	年末企业数				年末职工人数	工业总产值(万元)	固定资产总值(万元)		主要产品产量				实现利税(万元)			职工人均年收入(元)
	合计	全民	集体	其他			原值	净值	厂丝(吨)	人造丝、涤纶丝(吨)	绸缎(万米)	印染绸(万合计米)	合计	利润	税金	
1978	36	25	11		32331	39308.41			803.99	1571.95	6156.09	7041.50	5721.10	2690.50	3030.60	682
1979	33	23	10		33762	41299.91	10934.4	6628.2	629.52	2053.05	7040.97	8045.37	6610.70	3319.60	3291.10	636.5
1980	32	23	10		36093	48673.46	12793.4	8050.4	807.97	2263.03	7469.28	8437.16	8612	4869.30	3742.70	850
1981	32	22	10		39263	58165.28	14733.5	9702.2	781.65	2103.78	7851.19	9161.81	10945.40	6981.50	3963.90	816
1982	33	23	11		39690	56480.07	16438.8	11023.8	734.12	2202.46	8143.06	9339.56	11519.70	7219	4300.70	814
1983	34	23	11		41171	60301.77	17953.4	11917.72	719.71	2347.56	7984.40	9078.26	10660.40	6434.30	4226.10	809
1984	32	32			38796	63265.66	15445.20	11055	675.11	无	9113.51	9958.08	10026	5955	4071.00	1034
1985	32	22			40951	60928.87	18700.40	13226.90	795.11	无	9137.65	9434.89	9857.00	6054	3803	1145
1986	35	23	12		41769	65115.56	21655.80	15212.80	851.69	无	9149.28	10609.21	10059	7572	2487	1417
1987	39	24	15		43066	66203.91	27400	19491	746.21	涤纶丝645.54	8549.27	10520.55	14339	10840	3499	1636
1988	38	24	14		41486	57237.68	33658	23673	622.43	1280.93	7037.97	8823.10	13433	10111	3322	2063
1989	36	22	14		39653	53010.13	32732	22172	578.47	1269.59	6377.06	7591.28	13915	9102.0	4813	2261
1990	34	22			39262	61816.87	42319.60	28675.40	604.90	1157.25	7308.99	9608.49	13747		4609	2654
1991	29	22	7		38929	200620	51105	34319	571.41	1309	7716.66	10200	10591	5704	4887	2851
1992	31	26	5		37433	250437	62734	42848	676	1279	8350	10600	12362	6990	5372	3230
1993	26	22	3	1	39396	312900	80361	61048	746.5	847.6	9890.49	13665	19594	11318	8276	4468

数据来源：程长松主编《杭州丝绸史》，浙江科学技术出版社1999年版，第98—99页。注：1.工业总产值，1978—1980年是以1970年的不变价为基础的；1981—1990年为1980年不变价；1991—1993年为1990年不变价。2.人造丝产量：在1984年杭化纤厂划出后，丝绸系统有3年不生产，1987年后为新华丝厂生产。3.1993年企业数中的"其他企业"为股份制企业1家。

计表（表6-5）中可以看出一些端倪。都锦生丝织厂获得了创汇的机会，但实际的利润却非常低。1989年出口创汇18.2万美元，到1990年为30.2万美

表6-5　自营出口企业创汇情况（万美元）

企业＼年份	1988	1989	1990	1991	1992	1993
杭丝联		11.2	103.2	72.73	123.4	257.21
福华		0.56	6.2	1.5		
都锦生		18.2	30.2	30.5	14.5	19.4
杭丝印	3.3	29.78	152.9	274	1024	1203.35
天成		5.25	105.18	109.82	181	300.85
市公司		103.39	507.81	563.78	1205.45	2001.3
杭炼染	1992年批准					80.8
二丝服	1992年批准					50.30

资料来源：蒋猷龙、陈钟主编《浙江省丝绸志》，方志出版社1999年版，第310页。

元，虽然有所增长，但和成立时间较短的杭丝印、市公司相比，就差距相当大了。由于企业面临亏损，库存积压严重，销售渠道不畅，企业技术改造形成的沉重负债使财务费用剧增，都锦生丝织厂又一次面临着生死存亡的

考验。这也使得都锦生丝织厂在1991年成为市属两个没有再与市丝绸公司签订1991—1994年第二轮经济责任承包合同的厂之一（另一个是杭州丝绸炼染厂）。当时有关上级领导提出由"二丝服"来兼并都锦生丝织厂的方案，后因本厂干部职工的反对而未能实施。

面对外在的巨大压力，作为一个有着几十年历史的老厂，都锦生丝织厂从20世纪80年代初杭州最先进的工业和城市的骄傲突然变成了最落后的企业。这不再是简简单单的单一形式的国企改变，而是需要多层次多方面的改革。李超杰作为在企业工作了四十多年的老员工，这样理解：

> 都锦生现在的发展状况我是不怎么了解，但过去工厂的发展是非常好的，当时都锦生丝织厂不单在杭州，就全国来说也是重点企业，工厂每年都参加广交会，而且成交额很大，每年都有100多万，这在当时可是很大的一个数目。"文革"期间工厂遭到破坏，一些传统的产品如《百子图》等都被迫停产，成交额由180万跌落到20万，许多纹样花板被毁，令人惋惜啊。到80年代，随着"文化大革命"的结束和改革开放的浪潮，又掀起一个新的设计高潮，如长台毯《秋庭婴戏图》（注：此毯是在70年代与80年代之间设计的）、《江山万里图》等就是这时候设计的。随着市场的发展，公司的发展思路就是用别的产业来养都锦生织锦工艺，要不然这个工艺就要被市场淘汰了。现在丝织风景的销路不好，不如绸缎受消费者欢迎，而且市场竞争也很激烈，因此主要是以都锦生的品牌影响力促第三产业的销售，再以销售来保护都锦生的工艺。[1]

二、都锦生丝织厂的多元化转型

都锦生丝织厂开始寻求出路，作出了一些大胆的调整。1992年7月厂工会自筹资金创办的第三产业——清凉世界在西大门正式开业。与此同时，丝织厂调整原力织二车间的生产场地，率先在武林路破墙开店，与武林街道联营（租赁）开办了妇女儿童用品市场。同时还把厂接待室二楼租赁给省中旅作办公用房，余杭亭趾和弄口开办二个联营厂，自行创办丝绸服装厂。对于企业本身的织锦生产，都锦生丝织厂专门从日本引进了36台喷汽织机，48台喷水织机，原力织一车间、三车间合并为力织车间，大规模生产低廉物价的丝绸产品。1993年底，丝织厂年工业总产值回升到5450万元，实现利税335万元，其中利润91万元，税金244万元，职工人均年收入达到4500元。[2]

面对这样调整所带来的经济效益，1994年8月在十三届七次职代会上，王中华厂长代表厂部正式提出了"移二进三"的战略调整目标。将力织车间向桐庐搬迁，又在三墩镇工业区地块建设新厂，成立桐庐和三墩两个分厂，而市中心的厂区则改建为商城、宾馆或出租谋利。在厂党委开展"企业求发展，我们怎么办"为主题的经济形势大讨论中，都锦生纺织有限公

[1]李超杰口述：《东方艺术之花——都锦生织锦艺术探析》，刘克龙，硕士学位论文，杭州师范大学，2011年，第93-94页。

[2]程长松主编：《杭州丝绸志》，浙江科学技术出版社1999年版，第229页。

司（三墩分厂）举行了隆重的试生产仪式，三墩分厂正式投入生产。由于厂丝原料价格上扬，国内外产品销售疲软，资金严重拮据，全丝绸行业1995年和1996年连续两年处于亏损当中。面对这样的恶劣环境，都锦生丝织厂需要进一步改革，转换公司和工厂的经营机制，以拓宽销售渠道，培育名优品牌。在1997年75周年庆典上，王中华厂长做出"优二兴三、退城进郊"战略结构调整。优化二产，开发三产，以此积累资金推进企业的技术改造。1997年底，丝织厂初步遏制住了企业连年亏损的局面，但是，战略调整的步伐没有因此而停止。转岗分流工作在丝织厂慢慢展开，一些职工去了第三产业——即将开市的好乐多超市和招待所。

另一方面，为保存丝织文化传统，丝织厂自筹资金，自行设计建设了"都锦生织锦博物馆"（图6-2）。作为我国第一家专题织锦博物馆，都锦生织锦博物馆占地7000余平方米，陈列室500平方米。它以近千件实物和图片详尽介绍了我国传统织锦两千余年发展历史，特别是都锦生织锦的形成和发展过程，成为杭州市爱国主义教育基地和首批杭州市"国际旅游访问点"。都锦生织锦博物馆不仅增进了"都锦生人"的企业荣誉感，更鼓舞了他们产业报国的精神。2012年5月，被授予首批联合国教科文组织全球创意城市网络"工艺与民间艺术之都"传承基地称号。当然，杭州市政府也随后出资修缮了位于茅家埠的都锦生故居，成立了都锦生故居博物馆（图6-3），同样宣传和追忆都锦生织锦的发展历程，此乃后话。

图6-2　都锦生织锦博物馆　　　　图6-3　都锦生故居博物馆

都锦生丝织厂的组织结构和行为方式已不同于过去的单位组织。这种变化给职工思想上带来了最大的冲击。

在公众的刻板印象里，杭州丝绸业的工人是些没有足够的职能、没有好的社会关系或者没有主动性的人，他们因此找不到更有"技术"的工作。其二，她们的产品——丝绸，成了丝绸业落后的象征，振福（注：工厂名）为之出名的用于传统婚礼的精致丝绸背面现在成了中国"传统"的代表而不可能使中国显得现代。作为中国的主要出口商品之一，丝绸同样也代表着中国在全球经济中的依赖而非支配的地位。第三，丝绸业在20世纪80年代变成了"女性的工作"，这使得丝绸业的男女结婚变得更难。[1]为此，1999年5月都锦生丝织厂部成立了改制转机领导小组，并设工作

[1]［美］罗丽莎：《另类的现代性：改革开放时代中国性别化的渴望》，黄新译，江苏人民出版社2006年版，第230页。

班子。8月将改制为有限责任公司的可行性报告报市政府，丝织厂被市政府列入第一批改制企业。2000年4月厂内改制进入调查摸底阶段，1300余名职工填写了《企业改制摸底调查表》。到9月第十四届六次职代会时，审议通过了《杭州都锦生丝织厂实施股份制改造创建有限责任公司的总体方案》等企业转制文件，企业转制正式启动（见图6-4）。根据职工的自主选择，开始办理职工解除合同，协缴、内退、下岗等分流工作。一些年纪大或工

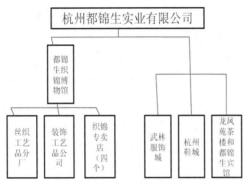

图6-4　杭州都锦生实业有限公司组织结构图

龄长的人选择买断工龄内退，或者购买股份。

在访问丝织厂的员工时，不同的人谈了不同的感受。

> 我们以前在的时候，那么大一个厂，凤起路这边，后边到庆春路都是的，全部用围墙围起来的，那么大，后来越来越小，越来越小……反正蛮蛮好的，被一改一改（改制）弄成这样……那些人（指他的同事，主要为工人）没有办法的，只好走了。有的人还是走了好，可以自己去干点什么，现在不是发达了，当时抱怨那么多，担心呀。……还好，没有拿几万块钱一次性买断工龄。当时问我们股份要不要，买了，现在多划算啦，每年参与分红，还不少，总比那一次性几万块钱强。[1]

> 当年国有企业的时候厂里最多时有2000多人，现在转制以后厂里就200多人。我是唯一一个反聘的。所以年轻人都不认识，厂里的老人，大家都很熟悉。年轻人来这里也呆不住。当年这周围四边马路的里面都是都锦生的，现在周围都已经是被租出去了，很大一片。（面对他所带的三位聋哑人徒弟——两男一女，他感慨地说。）他们是正式招进来的。因为这里不太留得住年轻人，而他们在这里干活，环境不错，然后又不受气，还比较安心工作，基本工资是1500元。那女孩不是曾经出去干过，后来父母还不是拜托这里，说回来干，他们放心。[2]

> 我是80年进厂开始工作的，对厂里很有感情的。他们年轻人（指着旁边制图的年轻人），才进来两三年，可能没有感觉，我对这种变化触太深了。2000年改制以后其实厂里的福利要比改制之前要好很多的（在谈话中三次提到这句话）。[3]

[1] 都锦生丝织厂员工口述，2009年5月12日接受访谈。

[2] 都锦生丝织厂员工口述，2009年5月12日接受访谈。

[3] 都锦生丝织厂员工口述，2009年5月13日接受访谈。

有的人觉得改制以后，人员减少了，不但好管理了，而且大家总的福利反而上去了。转岗的那些员工刚好可以自己去找点事情做做。也有的人出于对企业的感情，不能接受企业发生这么大的变化。

2001年6月30日企业正式改制为"杭州都锦生实业有限公司"，保留"杭州都锦生丝织厂"为第二厂名。改制以后，整个有限公司的组织结构既保留了丝织分厂和专卖店，又拓展了第三产业。职工们进行身份置换，参加职工持股会。在谈及公司的经营现状和未来发展战略时，公司人力资源部门的徐翀主任这样回答：

> 都锦生织锦现在有2400多个品种，多用来作为赠品；其他如各部门订购的礼品，如睡衣、蚕丝被、工艺画等也有一些；海外市场以服装面料为主。以丝绸主产业来说每年的销售额约在3000多万。公司现在最大的问题还是产品研发与市场结合的问题。我们认为关键是思路问题，要注意把握消费者的消费趋向，要面向市场设计生产，目前公司还通过了ISO9001质量管理体系认证，并参与了织锦国家标准的制定，全力向现代经营理念前进。

> 在继承传统方面也要辩证地看待，一方面传统是一种荣誉，对企业的发展有很大的推动力，但另一方面它又容易使企业背上历史的包袱，受到传统思维的影响，削弱了企业的创新能力。因此我们对未来的定位是与高新技术结合，走高端路线，主要生产中高档产品。虽然织锦在公司销售产品中的比例有所下降，但都锦生织锦是都锦生最具有代表性的特色产品，是"非物质文化遗产"的重要品牌，因此我们仍然坚持生产。我们相信好的东西一定能经得起时间的检验，谁最终存活下来，谁才是真正的老字号。这也是对传统历史文化的保护和对历史的负责。[1]

[1] 徐翀口述：《东方艺术之花——都锦生织锦艺术探析》，刘克龙著，硕士学位论文，杭州师范大学，2011年，第90页。

为此，企业在改制中，非常注重 TQC方法（即全面质量管理），将产品质量管理从事后检查转变为事前控制。都锦生丝织厂的花软缎质量管理小组更是受到省级以上的奖励。在2009年，企业参与了由国家质量技术监督检验疫总局和国家标准化管理委员会发布的《织锦工艺制品》标准的制定。

近年来，随着西湖申遗成功，西湖旧貌换新颜，景色越来越美丽。都锦生丝织厂又萌发了织新西湖风光的念头。在《杭州日报》的支持下，举办了"好照片织成锦"的新西湖风光摄影作品征集评选活动，在400多幅来稿中选中了《人间天堂》、《雷峰夕照》、《茅乡水韵》等作品，用传统丝织工艺展现新杭州的繁荣和新西湖的美丽景色。2005年，都锦生实业有限公司先后被认定为首批"浙江省老字号"、"杭州老字号"品牌。2006年企业被评为浙江市场最具活力金牌"老字号"企业称号，在杭州市弘扬"丝绸之府"的对策研究调查中获得了丝绸美誉度第一名。2008年6月，通过ISO9001质量管理体系，计量检测体系，标准化良好的行为三项认证。11月份都锦生实业有限公司被浙江省经贸委授予"浙江老字号"企业称号。

按照丝绸市场的需求导向，企业努力实现经济体制和经济增长方式的转变。这也就使企业开始集科、工、贸为一体，全方位、多层次综合开发。由于转型期政策的多变，给企业的生产经营活动带来了很大的不确定性，单一产业的企业更可能遭受政策变化所带来的毁灭性打击，另一方面政策的多变也使市场不断出现获利机会，诱使企业涉足这些领域，从而使企业更倾向于多元化经营。随着网络销售的流行，王中华董事长这样表述：

> ……我相信这也是一个很好的销售方法。我觉得作为老字号来说，绝对不能故步自封，过去那样做，你现在就一定要这样做。实际上这个新生事物，作为我们这一代人来讲，我们从事这么多事，传统的方法我们已经很熟练了，那么新的东西出来以后，绝对不能排斥，要去研究，要去摸索。根据自己的特点怎么结合。然后呢，就会被这个消费者所接受。这是企业本身都应该做的事。[1]

[1]王中华口述：《风云浙商》纪录片之《一起寻找老字号的春天》，2010年9月5日。

产业多元化的发展，不仅为卸下退休工人多、银行负债重等历史包袱提供了充足资金，也为都锦生成功转制提供了经济保障。现在的都锦生不仅是丝织品生产厂家，更已发展成集参观展览、休闲购物、餐饮娱乐于一体的综合性企业集团。

第二节　都锦生织锦的高新技术和传统创意

随着我国对外开放政策的贯彻，国际贸易兴旺发达，旅游事业不断发展，这为织锦的发展带来一个新的契机。都锦生丝织厂在实现像景纹制全面自动化以后，又向数码高新技术进军，将设计和生产全部纳入数码控制。另一方面，在保留丝织工艺品传统题材的同时，都锦生丝织厂并不故步自封，而是不断地进行新的创意。生产的厂字牌风景织锦在1979年、1984年两次荣获国家优质产品银质奖。1983年投产的黑白像景《群马》独花丝织画（图6-5）作为优秀产品在全国新产品展览会上展出，丝织壁挂《古长城外》被评为纺织中的"名牌产品"。《江山万里图》织锦、《春苑凝晖》壁挂等更是堪称织锦之最。

图6-5　《群马》黑白织锦

一、织锦的自动化、数码化

由于都锦生织锦的纹制工艺一直都沿用传统的手工操作，特别是意匠和冲制纹版二道工序，既复杂又费时，劳动强度大，工作效率低，生产周期长，远远不能满足国内外市场的需要。当外宾来访时，往往因为生产费时，无法在短时间内让他们看到织造的有关像景。1978年以来，随着丝织工艺和设备的不断更新与发展，为了能使都锦生织锦重新崛起，都锦生丝织厂在恢复生产以后，与浙江大学、胜利丝织厂、浙江丝绸科学研究院等共同完成了"黑白提花丝织物纹制工艺自动化"的科研项目。

这种纹制工艺自动化工作的原理（图6-6）是：纹样通过扫描机、光电测量装置和组织点信息处理装置，把纹样上的像景变换为组织点信号，再通过光电感光装置和录像机自动画出意匠图，同时通过纸带穿孔机及其控制线路把组织点信号记录在纸带上。为了检验纸带上的

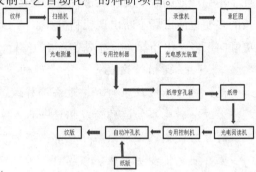

图6-6　黑白丝织像景纹制工艺的自动化原理
资料来源：根据杭州织锦厂、浙江大学、浙江丝绸科学研究院《提花丝织物纹制自动化——谈谈"黑白丝织像景纹制自动化》绘制，《丝绸》1979年第10期。

信息是否正确，可将纸带通过阅读机及其控制线路和光电感光装置及录像机，再绘制成意匠图，这样可进行校验。其次，把校验后的纸带通过阅读机，专用控制机和纹版自动冲孔机，把纸带的信息转变成花、地两种纹版的信息、自动冲出花、地两种纹版。

都锦生丝织厂按照这种方式，试生产了黑白丝织像景26只花样，近三万张丝织片，在三个月中试销售其中8只花样的近万张像景片。[1]据消费者反映，织物的真实感强，层次丰实。纹制工艺实行自动化以后，生产效率得到了大大提高，比人工纹制工艺能提高66倍左右，其中意匠工序可提高160倍，冲制纹版工序可提高26倍。在正常情况下，一张270毫米×400毫米规格的织锦产品，从纹样扫描到自动冲出一套纹版，仅需4.66小时左右，这样大大缩短了新产品的试制周期，尤其是能适应外宾及时需要丝织像景片的要求。[2]这种新技术的应用使得整个生产周期比手工操作提高了将近75倍。1983年都锦生丝织厂又自行研制成功2J-1型多色程控自动换梭、换道丝织机，实现了织制多色道提花织物时换梭不用手的愿望，为老机改造闯出了新路，也为像景织物增加了新花样。

随着纺织技术的发展，数码技术开始大量运用在丝织业中。所谓数码纺织就是综合利用计算机网络、图形图像、人工智能及电子提花龙头与新型织机等各种新型技术设备，将纺织品的设计和生产过程全部纳入数码控制之中。[3]这是提花织物设计与生产史上的又一次革命。1990年都锦生丝织厂与浙江农业大学共同研制成功了数控成纹机，将数码技术引入像景织造中。在引进毕加诺喷汽织机后，试制成功的彩色壁挂《麦草垛和收割人》

[1] 杭州织锦厂、浙江大学、浙江丝绸科学研究院：《提花丝织物纹制自动化——谈谈"黑白丝织像景纹制自动化》，《丝绸》1979年第10期。

[2] 杭州织锦厂、浙江大学、浙江丝绸科学研究院：《提花丝织物纹制自动化——谈谈"黑白丝织像景纹制自动化》，《丝绸》1979年第10期。

[3] 徐铮、袁宣萍：《杭州像景》，苏州大学出版社2009年版，第99页。

就在第四次世界妇女大会上荣获丝绸博览会金质奖。数码像景成为织锦的一个全新产品。它与传统像景一样，也分为黑白织锦和彩色织锦两种，但是它的生产周期很短，织物的立体感强，图案的层次丰富，而且由于提高了经纬的交织密度，质地更为细腻，能充分表

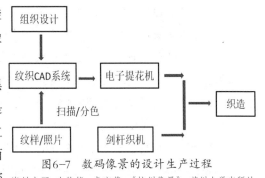

图6-7　数码像景的设计生产过程

资料来源：自徐铮、袁宣萍：《杭州像景》，苏州大学出版社2009年版，第100页。

[1]徐铮、袁宣萍：《杭州像景》，苏州大学出版社2009年版，第99页。

现出图案的质感和笔触[1]。数码像景的产品设计过程（图6-7）与传统像景设计相类似，分为工艺设计和纹制设计两大部分，其中纹样设计、计算机分色处理和组织设计是关键步骤。

　　为此，都锦生丝织厂专门成立了都锦生织锦研发中心，开发"传统手工技艺与现代数码技术结合生产高档织锦画"项目。这是一种既能充分利用"都锦生"特有的专业设计、意匠等技术优势，又能进行计算机人机智能对话的纹织系统。作为都锦生织锦精华所在的意匠设计，都锦生实业有限公司为抢救和保护都锦生织锦这一"非物质文化遗产"，积极与浙江大学合作开发了人工意匠图的"计算机读入系统"。这种系统不但可以读入意匠图，还可以从图片实物中读入意匠图，通过数码技术，成功实现了传统织锦工艺与现代信息技术的结合，实现了对意匠设计工艺的保存和传承，同时还减少了工作成本，提高了生产效率。目前，不管是意匠的保存还是处理都由计算机CAD制图完成，从意匠、纹版、提花等各个工序入手，实现了电子纹版、电子提花。[2]当然，都锦生丝织厂所采纳的这些技术突破，都是在保护原有的传统产品的基础上进行的，以便于保护传统，并将传统的产品做精做细。近年来，随着数码技术的发展，丝织厂又研发出来数码双面像景。像景织物的正反面都具有相互独立表现效果的特点，即双面像景织物无正反面之分，将不同花纹和不同色彩的两幅画完美地呈现在同一层面上。[3]

[2]李超杰编著：《都锦生织锦》，东华大学出版社2008年版，前言第1页。

[3]徐铮、袁宣萍：《杭州像景》，苏州大学出版社2009年版，第104页。

　　都锦生织锦现在的掌门人王中华认为，创新技术就是老字号企业一直在练的内功。

　　　　所谓老字号也好，你那个产品就是当时那个历史条件、经济环境下面被消费者所接受的东西，那么消费者的消费观念。他也不断地在变化，所以你的产品也不断地要跟上。开拓创新就是第一句话，不断的拓宽就是把这个技术运用到各个方面。

　　　　……像在过去，用人工设计的话，没有两年呢根本就搞不出来，实际上你是做好产品让人家去挑选，等客上门。人家有订单，有些好的东西拿来以后叫你做的话，一听你的工期人家就吓坏了。所以作为我们来

[1]王中华口述：《风云浙商》纪录片之《一起寻找老字号的春天》，2010年9月5日。

讲，既继承都锦生的传统工艺，一些最核心的技术我们全部保留，另外从产品的开发以及创新，技艺上要创新，用现代的科学技术把有些工序简化了。现在，我们可以在十天之内就把它生产出来了。同时，更重要的就是我们这一幅画，保留了我们都锦生的独特的设计的手法技艺。[1]

这种技术创新还体现在都锦生对人才的重视和培养上。企业将人才的培养与技术创新进行配套，在分配制度上，专门对从事传统工艺设计、开发、生产的人员进行倾斜，取得了很好的激励作用。

都锦生织锦在保持传统织造技术的同时，也在与时俱进地开创新的数码像景技术。从传统的木机，到贾卡手拉机，到电动织机，再到如今的电子提花，无疑是都锦生织锦技术史中一次又一次的重要革新，恰恰也是丝绸技术史发展的重要缩影。

二、织锦之最

随着织物影光组织的不断发展和丰富，都锦生织锦在创新中织造了丝织风景画之最、丝织挂壁之最、丝绸台毯之最。1986年12月都锦生丝织厂选用宋代画家赵黻所作的长卷《江山万里图》为样稿，由四位设计人员一共花了一年的时间，设计和生产了42厘米×1125厘米的织锦画卷《江山万里图》（图6-8），被誉为"目前国内最长，世界上未曾见到的最长丝织工艺画卷"[2]。

[2]徐铮、袁宣萍：《杭州像景》，苏州大学出版社2009年版，第68页。

这幅黑白织锦画由10万余根纬线和5000余根经线交织而成，影光组织

图6-8 《江山万里图》部分 黑白织锦

的使用将无论是山峰上的石纹还是石纹上的明暗过渡，以及水波流动的线条都表现得十分生动。在画面上可以欣赏到从长江的西蜀源头到东吴入海口的沿途风光胜景。滔滔的江水汹涌浩荡、浩渺天际，小舟顶风逆进，搏击浪涛；江岸，雄峰重峦，危峰高耸；山间，峰回路转，万木争荣，飞瀑激流，茅屋散落，曲径通幽。江面和群山交替出现，重山依江而立，江水沿重山而绕，山谷间有来来往往的商贾，江岸边有停歇的船舶，天空上悠然的飞雁，等等。作为当时最长的织锦画，它既有连续性，又可以分割成若干独立的画面。中央电视台作了专题报道，并赴美国等地进行巡回展览。[3]画卷中的其中一幅还被瑞典购买去，悬挂在斯德哥尔摩议会大厅里。

[3]李超杰编著：《都锦生织锦》，东华大学出版社2008年版，第27页。

在织锦壁挂方面，目前最大的织锦同样是在1986年创作的。根据浙江理工大学（原浙江丝绸工学院）美术教授唐和先生等创作，并由著名书法家沙孟（梦）海先生提款的大型工笔彩色花鸟画《春苑凝晖》图，织就了96厘米×182厘米大型工笔彩色花鸟画《春苑凝晖》织锦壁挂（图6-9）。

图6-9　《春苑凝晖》织锦壁挂

该织锦壁挂是两组经线和十余种彩色纬线编织而成的，织锦组织细腻，画面豪放。它最大的特点是采用纬浮起花和缎纹影光组织起花相结合的意匠绘图法，将原画刚劲的线条和渲染的笔墨，淋漓尽致地耀显在织锦上。有文章这样描述该织锦壁挂：

> 看，那肥硕的花朵，既婀娜多姿又丰硕昂然；那葱绿的枝叶，既重重叠叠又虚实相间；孔雀在昂然翘首，迎着冉冉红日；沙老的题字也表现得苍劲有力，笔墨似真。这幅当代最大织锦产品，多么像是一幅国色天香的华章啊！[1]

《春苑凝晖》图以传统的丝织技艺，运用多种组织变化手法，将一幅工笔重彩的国画栩栩如生地表现在织锦上，顺利地完成了当时国家"六五"计划的新产品研发。

[1]李超杰编著：《都锦生织锦》，东华大学出版社2008年版，第37页。

五彩大台毯作为都锦生织锦中的又一个拳头产品，一直在设计题材中寻求各种创新和变化。鉴于丝绸在我国的辉煌历史，用丝绸图案来反映丝绸文化，记叙丝绸历史，是个很好的构思。为此，都锦生设计师唐和先生（后任浙江理工大学教授）设计了96厘米×136厘米《丝绸之源》织锦画五彩大台毯（图6-10），这是目前将丝

图6-10　《丝绸之源》织锦五彩大台毯部分　都锦生织锦博物馆陈列

绸织造技术全面织在织锦画上的最大织锦台毯。《丝绸之源》织锦画的原稿取材于《故宫周刊》和《天工开物》的耕织图。整幅织锦在光洁的缎子上显现着斑斓细腻的花纹，体现着从植桑到选种、从养蚕到缫丝、从织绸到印染、从检验到销售，直到将丝绸远渡重洋（销售）的丝绸之路等11画面。这些内容一一串联成趣，将耕织图联结成有机整体，演绎着中国丝绸业的古老和发展。画面中的人物生动、姿态各异、形象逼真，活像是一部丝绸文化史。这幅《丝绸之源》五彩大台毯曾被作为国礼送给当时的英国首相撒切尔夫人，既表示中国丝绸的源远流长，也预示着丝绸一直是中外文化交流的使者。

三、织锦的典雅化

为了保持都锦生织锦古典雅致的特色，20世纪70年代末以来，都锦生丝织厂选取了大量的绘画、诗词作品进行织锦创作，唐寅[1]的作品自然是首选。如根据他的山水代表作创作了《高山奇树》、《雪山行旅》、《茅屋风情》和《春游女儿山》织锦画（图6-11）。在织锦画中，凭借经纬组

图6-11 《春游女儿山》、《雪山行旅》、《高山奇树》、《茅屋风情》四幅屏织锦

织的变化，将唐寅精工带写的风格真切地表现出来。《高山奇树》构思的画面中，巨大的山岩间湍急的溪流从中流出，几株古木从山间斜倾而出，枝叶浓密，别有情致。三间草屋依水而建，一高士正倚栏聆听流水，另外两人谈兴正浓，一小童正煮茗以待远客。画面的左上方题了"高山奇树似城南，兀坐联诗兴不厌，一自韩孟归去后，谁人敢把兔毫拈"的诗句。与《高山奇树》相近的还有《雪山行旅》和《茅屋风清》。前者虽画的是雪景，但两幅画面的背景都是峭拔的山峰，高低参差，山中树木茂密，岩石嶙峋，山道崎岖。《春游女儿山》则表现出山体的蜿蜒，山石的突兀多变，古松斜生，遮掩着小木桥；树干弯曲盘旋，伸向画面的左方；桥下流水潺潺，水草荡漾，为宁静的画面增添了一种动态美；湖面波澜不惊，呈现出一派春光明媚的景象。此图意境远阔，静穆安详，仿佛笼罩着一股荡

[1]唐寅（1470—1523），字伯虎，一字子畏，号六如居士、桃花庵主、鲁国唐生、逃禅仙吏等，他与祝允明、文征明、徐祯卿并称"江南四才子"，画名更著，与沈周、文征明、仇英并称"吴门四家"。擅山水、人物、花鸟，早年随周臣学画山水，后师法李唐、刘松年，加以变化，画中山重岭复，以小斧劈皴为之，雄伟险峻，而笔墨细秀，布局疏朗，风格秀逸清俊。人物画多为仕女及历史故事，师承唐代传统，线条清细，色彩艳丽清雅，体态优美，造型准确；亦工写意人物，笔简意赅，饶有意趣。其花鸟画长于水墨写意，洒脱随意，格调秀逸。除绘画外，唐寅亦工书法，取法赵孟頫，书风奇峭俊秀。代表作有《骑驴思归图》、《山路松声图》、《事茗图》、《王蜀宫妓图》、《李端端落籍图》、《秋风纨扇图》、《百美图》、《枯槎鸜鹆图》、《两岸峰青图》等。

涤心灵的气氛。画中有诗题曰："女儿山头春雪消，路旁仙杏发柔条。心期此日同游赏，载酒携琴过野桥"，表现出古代文人所追求的天、地、人合一的理想境界。都锦生织锦非常好地诠释出作者的意图，高柳婆娑，意向清俊秀逸，水天相连，意境高远。

除了山水作品以外，都锦生织锦还选择了唐寅的水墨人物画代表作《秋风纨扇图》（图6-12）进行创作。这幅织锦画准确生动地描绘了一个萧瑟秋风中手拿团扇心情惆怅的女子的情态，并通过题诗"秋来纨扇合收藏，何事佳人重感伤，请把世情详细看，大都谁不逐炎凉"，隐喻地抒发了唐寅对怀才不遇、世态炎凉的感慨。织锦画将这种水墨粗细、浓淡变化的丰富色调再现得淋漓尽致。此外，都锦生织锦还选择了宋代张择端的《清明上河图》、明代郑板桥的《清风摇竹影》等作品。近代的一些大师潘天寿、王雪涛、徐悲鸿、马孟荣的书画作品也被都锦生织锦进行演绎和诠释。如吴作人的《竹子》（图6-13）还被作为国礼赠送给了巴勒斯坦民族权力机构主席阿拉法特（图6-14）。

图6-12 《秋风纨扇图》人物织锦

图6-13 《竹》织锦

在这些古典作品中，都锦生织锦在织画的同时，也把画面上的诗词按照原画进行创作，既保持了书法的飘逸，又表现出文字的刚劲。为此，都锦生织锦还在对毛主席诗词创作的基础上，对一些古典诗词进行织锦创作，如《出师表》、《赤壁赋》、《兰亭序》，等等。

都锦生织锦除了继承传统的国画，还将水彩画、版画、油画的表现技法搬到织锦画中，如以中国美术学院（原浙江美术学院）教授潘思同先生的水彩画《西湖保俶塔》为蓝本织造的《西湖保俶塔》织锦画（图6-15）。该织物用2组经线和5组彩色纬线交织而成，使用5组彩色纬线和织物缎纹的影光组织相结合，所产生的不

2003年2月7日，巴勒斯坦民族权利机构主席阿拉法特在拉姆安拉的官邸内收到了中国驻巴勒斯坦办事处吴久洪大使赠送的都锦生丝织挂轴《竹》。

图6-14 阿拉法特收到都锦生丝织挂轴《竹》

图6-15 《西湖保俶塔》织锦

同颜色由浅到深过渡层次来表现了层出不同的色彩变化。织锦画将湛蓝的天、雪白的云、青山绿水、巍巍宝塔等表现得栩栩如生，将水彩画韵味特点体现得细致如真，使织锦和绘画难辨难分。

此外，都锦生织锦还运用数码技术研究和织造一些世界名家的油画作品。这些织锦画除了以传统的真丝为主要原料外，其他天然和合成纤维也被尝试用来织造产品。实际上，用真丝和人造丝交织而成的织锦，比全真丝织品看上去更加光彩照人，抗皱性能大大提高，牢度也同时增加，价格却相对降低。[1]如19世纪荷兰画家梵·高的名画《向日葵》（图6-16），奥地利画家克里姆特名画《吻》（图6-17）以及意大利画家达·芬奇的《蒙娜丽莎》等织锦作品都是新工艺尝试中的精品。

[1]何云菲：《论都锦生织锦艺术的特点》，《丝绸》1999第8期。

图6-16　《向日葵》油画织锦

图6-17　《吻》油画织锦

四、织锦的多样化

新时期的都锦生织锦更加注重与市场的结合，除了"厂字"牌风景织锦、丝织像片外，还有"锦花"牌装饰织锦（台毯靠垫、床罩窗帘等）以及"飞童"牌人丝织锦缎和古香缎。在"锦花"牌装饰织锦中，设计出了织锦被罩、床罩、窗帘、台毯等上百个织锦实用品种。特别是为全国各大旅游宾馆设计生产的新产品，如玉光锻床罩、银花床罩、丝毛交织窗帘、锦纬窗帘、影光窗帘以及玉罗纱、窗帘纱。潇湘窗帘是其中的佼佼者。它起竹叶花，浮雕感强，色质明快，且耐水洗，将实用价值与观赏价值并举。在题材上通过织锦绘画作品与日历相结合，形成了图案艳丽，美观大方的织锦年画、织锦挂历（图6-18），如生肖挂历、富贵满堂挂历，等等。

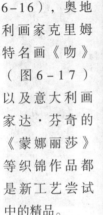

图6-18　织锦挂历

与此同时，都锦生丝织厂还恢复和保留了古老的"杭罗"产品，其中工艺最复杂的"花罗"，更是都锦生独家生产。它具有花纹饱满、色彩绚丽、手感细腻的特色，可广泛应用于各种服装面料（图6-19）。都锦生丝织厂每年都接受这种面料的大批量订单。近年来根据境外高级成衣客商或公司睡衣新品开发的需求，都锦生丝织厂每年都会设计生产新的"花罗"品种十几种之多，仅2009年上半年就开发出6只"花罗"新品种。2003年，台湾一家著名成衣公司拿出一件出土的清代"花罗"丝绸服装收藏品，要求提供复制开发，在跑了许多厂家无法实现后，经人推荐找到了唯一能承担此任务的都锦生丝织厂。都锦生的设计人员在紧张工作数个月后为其进行了精确的复制，客户非常满意，以后就成了常年客户。为了在这方面既适应市场需求又融入现代时尚，都锦生丝织厂生产高档的丝绸，保护和发展了"杭罗"传统工艺的良性循环。这些织锦缎还被用来制作成很多工艺品的外包装，如《宋画全集》、《海外藏中国法画集》（图6-20）的精装版封面包装材料采用的就是都锦生丝织厂生产的锦罗缎真丝面料。2008年奥运会发行的玉福娃的外包装用的也是都锦生丝织厂生产的织锦缎面料。

图6-19 花罗面料及成衣

图6-20 《宋画全集》、《海外藏中国法画集》

都锦生丝织厂还生产古香缎。古香缎（图6-21）是一种纬三重织物，由一组桑蚕丝熟经与三组人造丝色纬织成。在这三组纬线中，其中两组纬线是从头织到尾的，称为长抛。为了使织物表面显现出更多的色彩变化，另一组色纬则在不同的区域交替使用不同颜色的纬线，各自织一定长度，称为彩抛。由于产品的纬密比较低，因此缎面并不十分光亮、丰满。古香缎主要分两种，一种为花卉古香缎，用作妇女外衣；另一种为风景古香缎，用作室内装饰，如台布、床罩、靠垫，等等。他们常以西湖的山水风景和发生在西湖边的传说故事为题材，可以说是另一种西湖织锦画。都锦生丝织厂的古香缎早在1979年、1984年就两次获得国家质量金奖和银奖。其中"飞童"牌53205人丝古香缎更是荣获国家金质奖。

图6-21 古香缎

第三节　都锦生织锦品位与传统的宣扬

经济改革并不仅仅是一个简单的关于经济方针的问题，那种认为"物质性"和"文化"虽然充满联系但在结构上是分离的政治经济学观点并没有完全理解这一进程。[1]传统文化在经济改革的浪潮中更有它需要保持和坚守的一面。都锦生织锦作为文化瑰宝中的一朵奇葩，不仅见证了民族织锦业的发展，也承载着杭州这座城市对传统文化的坚持。

[1] [美]罗丽莎：《另类的现代性：改革开放时代中国性别化的渴望》，黄新译，江苏人民出版社2006年版，第101页。

一、商标与织款

丝织风景织锦和刺绣等不同，其底本大多采用当时当地人们实地拍摄的照片，虽然在艺术价值上可能与名人书画略逊一筹，但在史料上却过之。随着杭州城市文明的提升，以西湖十景为题材的老丝织风景画成为人们争相收藏的内容之一。而都锦生丝织厂生产的都锦生织锦的商标和织款也就成为判断不同时期织锦的重要依据。由于都锦生丝织厂历史悠久，织款的变化较为丰富（图6-22）。

新中国成立前都锦生织锦的织款为繁体字的"中华民国都锦生丝织厂监制"。新中国成立初期1949年10月1日前后（杭州在10月1日前解放），织款为繁

图6-22 都锦生织锦各个时期的织款

体字的"中国杭州都锦生丝织厂监制"。20世纪50年代初到60年代中期，织款为繁体字的"中国杭州都锦生丝织厂"、"杭州丝织风景生产合作社制"、"中国杭州西湖绸伞厂制"、"中国杭州丝织工艺社"，1966年到1972年为简体字的"中国杭州东方红丝织厂"，1972年到1983年为简体字的"中国杭州织锦厂"，1983年到现在为简体的"中国杭州都锦生丝织厂"。有学者将其进行了更为细致的归纳：

（1）一些画面中织出风景名，排列从右至左，如"西湖苏堤春晓"、"西湖平湖秋月"等标题，也有不加"西湖"两字的，左右或上下织边，一处为"杭州都锦生丝织厂监制"(有时加织商标)，另一处为英文厂名（有时不织英文厂名）。民国时期的文字基本都为从右到左。

（2）一些画面中不织文字，左右或上下织边，一处织出"中华民国都锦生丝织厂监制"等字样，并织有商标；另一处为该织锦的题材名称，如"云栖竹荫"，有时也会加上英文风景名。

（3）一些画面中不织文字，左右或上下织边，一处织出"杭州都锦生

丝织厂监制"和商标,一处织出风景名,有时在"杭州都锦生"前面加上"中国"两字。[1]

概括来看,新中国成立前的产品均织有商标、厂名与风景名,新中国成立后的产品一般不织商标,但标出了产品的规格尺寸。都锦生丝织厂在不同时期织造的西湖十景,看似大同小异,细看则各有不同,其景点变化带有鲜明的时代特征,一些已经没有的景点,在原有的老照片缺少的的情况下,就更显出织锦的珍贵。作为民间艺术的重要一员,都锦生织锦与当时的社会生活有着密不可分的联系,它真实地保留下了西湖山水文化、园林文化、建筑文化、民俗文化、宗教文化等各方面的内容,是当时杭州经济文化、人文历史、风俗民情的真实反映和生动写照,因而具有珍贵的文化价值。

二、声誉与品位

曾经在20世纪80年代,杭州市的丝绸生产大厂、名企林立,产品和工艺堪称全国一流,到20世纪90年代中后期杭州丝绸产业结构大调整后,这种景象在杭州市区见不到了。[2]一些学者为此而担忧,人们还记得杭州是"丝绸之府"吗?尤其是许多老字号企业在结构转型以后,发生了很大的变化,一些老字号企业停产了,一些老字号企业转行了。为此,人们不禁要问:这些传统产品,如都锦生织锦在人们心目中究竟是怎么样的形象?还有突破和发展的可能吗?是否能迎合当代人的品位?

浙江理工大学的师生们曾在2006年展开了问卷调查。[3]调查显示:对于杭州丝绸最有名的产品,杭州人选择织锦、丝绸女装、丝绸围巾的最多,其次是杭纺、西湖绸伞、真丝被面,选择"杭罗"的人较少;外地游客选择丝绸围巾的最多、其次是织锦、"杭罗"、杭纺,选择西湖绸伞的人较少。在开放性问题中,当问及对杭州丝绸老字号、老品牌的了解状况时,接受调查的126位杭州人中,有48人提到都锦生,占38.09%;其次是喜得宝9人,占7.14%。各有1人提到凯喜雅、万事利、杭丝联、杭二麻、桐石、福华、西湖伞厂、丝绸博物馆、百子图被面、红萝。有71人则回答不知道,占56.35%。在接受调查的119位外地游客中,有21人回答了都锦生,各有1人提到蚕之都、喜得宝、万事利、锦源和凯喜雅,占21%。也就是说,不管是杭州人还是外地游客,都锦生仍然是知名度较高的丝绸品牌。在对丝绸有关的名人了解中,杭州人有19人提到都锦生,占15.08%;林启、胡雪岩、丁丙、丁甲各被提到1次;104人不知道,占82.54%。外地游客只有7人填写,其中5人填了都锦生,各有1人填了林启、胡雪岩。可见,不管是杭州人还是外地游客对丝绸有关名人知道得很少;杭州人知道都锦生是名人的(15.08%)远少于品牌的(38.09%)。[4]显然,都锦生织锦随着杭州旅游市场的活跃,声誉还是不错的。这也是都锦生厂的现任掌门人王中华推动都

[1]袁宣萍:《西湖织锦》,杭州出版社2005年版,第165页。

[2]胡丹婷、叶春霜、何建华:《杭州丝绸美誉度调查报告》,《丝绸》2007年第7期。

[3]2006年4月20至25日,浙江理工大学的老师胡丹婷等人在杭州市内进行问卷调查,调查对象为杭州人,外地游客和外国游客。问卷一共发出300份,回收有效问卷272分,回收率91%。

[4]胡丹婷、叶春霜、何建华:《杭州丝绸美誉度调查报告》,《丝绸》2007年第7期。

锦生织锦博物馆成立的重要原因。都锦生织锦博物馆的工作人员在访谈中用炫耀的口气说："这个博物馆可是我们公司自己花钱养的哦。"

作为丝绸企业，知名度高，价廉物美，吸引消费者不能不说是一种很好的营销手段。董事长王中华却提出：

> 我的经营理念是，以振兴民族工业为己任，传承博大精深的中国丝绸文化，将"都锦生"品牌做大做强，但不是走低成本的低端路线。早些年受到蚕茧价格大涨的冲击，都锦生一度试图去走低成本的低端路线，但幸好及时回头，回到了"高、精、尖"的产品定位上。

> （公司）专门设立了品牌管理办公室，对生产、管理、销售体系中的品牌管理实施全方位的监控。现在，"买高档丝绸到都锦生"，这是一种消费习惯。[1]

早些年由于市场竞争的日趋激烈，都锦生织锦一度试图去走低成本的大众产品路线，有些产品甚至失去了传统织锦的独特韵味。后来因为认识到保护传统工艺的重要性，才又回到了"高、精、尖"的产品定位上。品牌的保护，既是对先人的敬仰，对历史的承诺，更是对消费者的负责。[2]为此，公司对品牌管理实施全方位的监控。作为重要的丝绸文化遗产，2005年都锦生织锦被列入了浙江省第一批非物质文化遗产代表作名录。2009年9月23日，董事长王中华和织锦设计大师李超杰入选第三批省级非物质文化遗产项目代表性传承人名单。《浙江日报》2006年8月9日在浙江市场最具活力的老字号金牌企业中，用了整整一个版面来介绍都锦生丝织厂的现状与发展。都锦生织锦博物馆的办公室主任曾这样表述：

> 以前都锦生丝织厂在丝绸市场上没有店面（专门销售丝绸的一条街，在体育场路上，现在有都锦生专门的店面），因为销售的成本很高，所以无法投入那么大来开拓市场。都锦生的名气在，所以如果要有啥外交或重要场合送工艺品，会有人主动找上门来的（不担心）。这也是为什么会保留一些手工制图等传统技艺的原因之一。因为都锦生这个牌子已经是国家的一个财产，所以不能把这个牌子转让的。它被浙江省定为非物质文化遗产，每年有一些财政上的资助，具体金额不清楚，确实是有的，但太少了，不足以支撑。企业完全自负盈亏。[3]

这就需要都锦生丝织厂努力维护其织锦的声誉和品位，以区别于丝绸市场上的其他产品。都锦生丝织厂的其他老员工回忆说：

> 以前那些家里条件好的，像上海的那些有钱人，都会买都锦生的织锦的，铺桌子啦，铺茶几啦，还有那种装饰画，很有档次的。所以不要太多人买哦。现在大家生活说说是不错，啥都可以买的，又不用专门买都锦生的来体现身份，再说那么多仿的，也说不好品位。[4]

从中可以体会到，以前这个品牌曾被誉为一种身份，一种档次。因此都锦生丝织厂早期包括现在的一些生产投入多为工艺品，这个需求市场并不大。这几年企业为了生存，才慢慢转向日常生活产品的生产，但是现在

[1]《杭州都锦生》，《浙江日报》，2006年8月9日第12版。

[2]周雅卫：《创新使"老字号"焕发青春——来自杭州都锦生实业公司的调查》，《杭州日报》，2006年11月9日第23版。

[3]都锦生丝织厂办公室主任口述，2009年5月15日接受访谈。

[4]都锦生丝织厂员工口述，2009年5月15日接受访谈。

它要走回到"高、精、尖"的产品定位上，在老传统中散发新的青春。从董事长王中华的言语中可以感受到，在生产经营上，要从低档产品恢复到高档产品。他曾这样总结：

> 广告宣传是推销产品很好的一个渠道。我们现在也经常在做，包括电视广告、网络宣传等。现在北京还有一个都锦生织锦联络处，承接订货，杭州武林服饰城、丝绸市场等都有专卖场；另外，公司经常参加各地展览会，去年还曾到台湾展览；奥运会期间的锦旗上，用的也是我们公司生产的绸缎。在产品宣传方面还是做了不少工作的。

> ……我现在回头看我们的厂史的时候，我觉得好多东西，我们可以从80年前的都锦生的管理当中，还得到启发。从管理上面讲，它的营销理念，都锦生的营销理念，它当初也不是坐等市场的。他就开拓，当时的旧中国，它的加盟店，我们现在叫加盟店，它那个时候叫商行，比如上海、武汉、北京、香港都有他的商行，而且上海还不止一家，它的销售，推销的力度非常大。这些都对我们启发很深的啊！[1]

[1] 王中华口述：《百年商海：东方丝魂"都锦生"》纪录片，2005。

三、丝绸协会、老字号协会与工美协会

企业有企业之间的沟通方式和沟通渠道。民国时成立的丝绸工业同业公会在新中国成立后，曾一度发挥作用。组织会员单位参加物资交流，更重要的是在政府的领导下，协助完成各个丝织厂的生产资料私有制的社会主义改造任务。通过举行不同类型的协商会、座谈会，协商解决有关工资、停工、紧缩、解雇、劳动保护、增产捐献、完成生产计划等方面出现的问题。在1954—1958年期间，同业公会在推销胜利折实公债和国家经济建设公债方面，对会员进行爱国主义教育，五年内全行业企业购买公债共达67.85万元，个人购买公债24.17万元。

当时的丝绸业户承担的税额基本上是采用民主评议的方法。在评议中，同业公会引导大家贯彻执行"多漏多增，少漏少增，实报不增"的政策。采取会员自报、公会评议、税局核定的步骤进行，协助政府贯彻税收政策，完成税收任务。从1949—1956年，丝绸业会员共缴纳营业税和所得税585万余元。改造完成后，行业管理任务由政府工业主管机构全面承担，同业公会作用日渐减弱和消失，在1959年4月7日撤销。

在杭州市委、市政府"弘扬丝绸之府，打造女装之都"战略决策指引下，为了提升杭州丝绸行业的市场竞争力及国际影响力，2006年成立了杭州丝绸行业协会。针对如何推进杭州丝绸产业实现转型升级，再创发展新优势，协会不定期地对行业内的企业状况开展专项调查，为丝绸企业在新形势下的发展找寻策略。为了促进丝绸行业的发展，丝绸协会结合本行业的特色与发展要求，开展各项培训工作。与相关部门制定杭州丝绸行业的标准，向国家质量监督检验检疫总局申报"杭州丝绸"地理标志，以提

高其无形资产价值含量，增强丝绸行业在市场中的竞争力。为拉动内需、扩大销售、增进产业交流，协会还推介会员企业借助"杭州旅游在线平台"拓展销售渠道，组织丝绸品牌企业巡回展销，承办"中国丝绸高峰论坛"、"中国国际丝绸论坛"，以扩大杭州丝绸的影响力和美誉度。

与此同时，为了保护老字号这一民族瑰宝，加强老字号企业间的交流，2003年9月杭州市成立了全国第一个研究老字号保护发展的专业组织——杭州老字号企业协会，协会设有秘书处、中华老字号品牌委员会、文化传播发展中心、会展事业发展中心等部门。在2008年杭州老字号企业协会二届一次会员大会中，胡庆余堂的冯根生当选理事长，都锦生丝织厂的王中华董事长连任杭州老字号企业协会副理事长一职。杭州老字号协会通过构建全国性的《中华老字号》杂志、网站、丛书、电视纪录片等品牌文化传播平台，宣传老字号独特的文化遗产和优秀的经营理念，传播老字号独特的品牌文化和魅力，成为杭州、浙江老字号与外界交流的窗口。

2005年浙江省在此基础上又组建了浙江省老字号企业协会，秉承"保护资源、提升品牌、传承经典、弘扬文化"的宗旨，致力于重振、弘扬老字号工作，发挥政府和老字号企业间的桥梁纽带作用。现有会员单位156多家，涵盖中药保健、餐饮食品、工美文化、日用百货、零售服务、工业制造等多个行业和领域。丝绸行业的老字号企业自然是协会的重要会员。协会针对老字号企业在品牌规划与建设上存在的规划缺失、形象老化、传播不力、营销理念滞后、保护意识淡薄等问题，开办了老字号品牌发展培训班，为老字号企业健康发展提供思路，开展专家咨询、业务培训、品牌规划和形象再造等工作，以提高老字号的市场价值、提升老字号企业的核心竞争力。同时也协助政府解决企业所遇到的困难，做好企业与政府、企业与社会、企业与企业间的联系工作，特别是当一些老字号企业缺乏资金、管理、市场运作能力，不能适应日益激烈的竞争环境，日益衰落时。中华老字号品牌委员会主任丁惠敏曾撰文指出：老字号要想存活，必须从根本上转变旧的经营发展观念，建立现代企业制度，推进生产规模的增加和现代生产技术的应用。[1]

作为生产独特的工艺美术品的企业，浙江省工艺美术行业协会和全国工艺美术协会同样给都锦生实业有限公司提供了重要的交流平台。工美协会按照市场经济体制和现代化建设的要求，发挥着政府和企业之间的桥梁和纽带作用，保护传统工艺、传承民族文化、创造现代工艺、发展工艺产业，实现工艺美术事业和产业的共同繁荣。都锦生实业有限公司的董事长王中华作为联协的副理事长，在参加全国工美联协组织有关保护和传承非物质文化遗产为主题的讨论会时说：

> 这一次会议以保护和传承非物质文化遗产为主题来展开交流和探讨，我觉得对于我们这些从事工艺美术的企业来说，真的是非常及时、非常必要。

[1]丁惠敏：《品牌连锁经营是老字号企业的强势复兴之路》，《中华老字号》2010年第1期。

工艺美术说到底，就是一个企业、一座城市、一个民族乃至一个国家的文化传承的历史和印迹，是一种生活方式和文化观念的具体体现。在许多工艺美术作品的创作过程中，以技法、工艺为载体的非物质文化遗产往往是作品的灵魂所在，一件真正能流传千年的优秀作品，一定是这种文化遗产淋漓尽致的体现。

我们是杭州的一家国家级中华老字号工美企业……在我们的工作实践中，我们体会到：企业更要重视自身对非物质文化遗产的保护和传承。[1]

[1]引自都锦生事业有限公司网站。

工美协会在这方面功不可没。通过组织工艺美术行业间的经济技术交流，推动科学研究、技术改选和新产品开发。同时，在行业内推广全面质量管理工作，为提高产品质量和档次、提高经济效益服务。

都锦生丝织厂在新的形式下，既可以在以行业为划分的丝绸协会中探讨交流，也可以参与以品牌为标准的老字号企业协会中发挥老字号的作用，无论怎样，都为了企业本身的发展和规划。2009年都锦生丝织厂还曾赴台湾参加"中华老字号精品展"，引起了不小的轰动。今天，都锦生织锦和都锦生丝织厂都在传统文化与现代产业、高雅艺术与大众需求之间寻找最佳的结合点。

结 语

　　我国著名的织锦有四川的蜀锦、南京的云锦、苏州的宋锦，杭州地区所生产的织锦由于从蜀锦的古朴、宋锦的儒雅、云锦的艳丽中吸取精华，又将杭州西湖山色的灵秀融于其中，形成了自己独特的艺术风格和技术特点，在织锦品种中别具一格，独树一帜，被誉为杭州织锦。作为杭州织锦中最有特色、最负盛名、最有代表性的都锦生织锦，融合了历史、文化、民俗、宗教等多重因素的作用，反映了近代以来人们的价值观和审美追求，具有浓郁的地方特色和民族风格，更是为我国的经济、政治、外交做出过突出的贡献。90年来，都锦生丝织厂生产的织锦产品数以千计，其精品难以一一列举，更难以一一琢磨和品味。在这些产品中，我们能真切地感受到都锦生织锦的精细织工和瑰丽的色彩，不愧为神奇的"东方艺术之花"。

第一节　都锦生织锦的技术

　　都锦生织锦，首创了依靠织物经、纬线交织状态的组织变化生成的织物起花方法，使织锦画的表现由平面的块、线、面向阴阳过渡，最终形成立体感很强的画面。都锦生织锦的织物组织、产品结构和织锦工艺的主要特点有：

　　首先，在织物组织和织物结构方面，都锦生织锦吸取了宋锦的两经多纬的织物结构法和云锦、蜀锦的通经回纬、通经断纬法以及晕裥锦的组织法。蜀锦是经线起花，云锦和宋锦则是纬线起花，他们靠块面组织的大小来表现，织物组织最多为三组纬线组织。都锦生织锦主要采用二经多纬结构，纬线最多时能达到30多个层次。通过织物组织的这种变化来表现对象，因此经纬线的明晰度、纹路组织都明显得多，富有立体感和层次感。

与此同时，都锦生织锦还采用中间过渡色，使得织出来的色彩效果显得非常自然，是任何其他纬锦组织所不能比拟的。由于黑白交织的影光缎纹组织可提供由明到暗过渡的32个色阶，这样黑白两色可以织出任何黑白照片和水墨画。加之都锦生先生又发明了在黑白织物上用广告颜料，通过描、擦、揉来添加色彩的方法，使都锦生织锦不但能表现黑白作品，而且也能把彩色作品表现得完美无缺，而织物并不增厚，成本相对低廉，在历史上和世界上都是独一无二的。

都锦生织锦的另一品种彩色锦绣，继承了明清宋锦中最贵重的品种——重锦的优秀传统，又大大发展了半丝的组织方法，把色织技术提到极致，使织锦的表现力可与任何手工的刺绣相媲美。在织造工艺上，都锦生织锦既有经丝显花的品种，也有纬丝显花的品种，还有经纬混用显花的品种。经丝的配置既有适用综光的品种，也有不适用综光的品种。纬线色彩的组织也是双管齐下，既用长梭，也运用不同色的短跑梭来换道以增加色彩数量。

其次，在织锦风格上，都锦生织锦不仅具有蜀锦的古朴、宋锦的儒雅和云锦的华丽等特点，而且又具有丝的风格，产品的织纹颇具有绣花品种中乱针绣、劈丝绣和盘丝绣的质纹感。如果同云锦相比较，虽然艳丽程度近似，同属于织锦工艺，但云锦光滑平整，柔软贴身，而都锦生织锦却具有刺绣那样细腻均匀，色彩繁多，质地厚实，适于装饰的特点。如果同湘绣和苏绣比较，它们的色泽同样灿烂，浓淡分明，精工别致，使人分不出是绣是织。但仔细观察，还是各有特点：湘绣和苏绣是千针万线绣成的，是在锦缎的基础上加工刺绣，而都锦生织锦是千丝万缕织成的，是在织造锦缎的同时织成了各种图案。

再者，在原料的使用上，新颖多样的原料使都锦生织锦多姿多彩。除了以传统的土丝、厂丝为主要原料外，其他的棉、天然和合成的纤维也都被尝试用来织造织锦。实际上，用真丝和人造丝交织而成的织锦，比全真丝制品看上去更加光彩照人；而部分用合成纤维取代真丝织成的实用工艺品，抗皱性能大大提高，牢度也同时增加，价格却相对低廉。在都锦生像景织锦作品中，有一幅用棉纱代替丝织织成的大型风景画《万里长城》，看上去既似麻胶版上的油画作品，又像针法粗狂的绒绣。还有一幅以人造棉和人造丝织成的《奔马》立绒挂屏，无论从哪个角度看，都有立体感。

最后，也是最为重要的，就是都锦生织锦独特的织锦工艺流程。无论是纹制设计还是准备经纬丝线、织造、着色和检验，都锦生织锦在每道工序上，都体现了它与众不同的一面。尤其是都锦生织锦的灵魂——意匠绘画，这门独特的手工技艺，更是都锦生织锦作为"非物质文化遗产"的核心所在。在都锦生织锦的发展历史中，许多意匠图绘制的成功迎来了都锦生织锦的不朽之作。如20世纪20年代胡邦汉绘制的《宫妃夜游图》，20世纪40年代陈贤林绘制的彩色织锦画《猫蝶图》，20世纪50年代蔡友根绘制的何香凝作品《山君图》以及倪好善绘制的丝织伟人像，20世纪80年代倪好善等绘制的《春苑凝晖》、《江山万里图》等织锦都是其中的佼佼者。

当然，织锦的生产离不开织机的织造技术。都锦生织锦的工艺率先打破了传统织锦手工织作的生产方式，实现了传统织锦在意匠、设计、提花等关键工序的革新，开辟了机械化、工业化的生产模式。并且在有限的提花机规格上，发明使用了提花机不同的纹织穿吊装造法，从而织出大型的、独花的、不同图案结构的织锦画。在20世纪50年代和80年代的两次革新中，又将织造工艺向电力化、自动化和数码化发展。

几十年来，由于历代都锦生人的开拓创新，都锦生织锦的影光组织不断地发展和丰富，织锦的表现能力更高了，表现手法更多了，表现的对象更丰富了。不论是重峦叠翠的山峰，还是枝繁叶茂的树林，不论是山间的岚气，还是池塘的涟漪，不论是湛蓝天空，还是天空上流动的白云，都能栩栩如生地在丝织物上体现出来。有学者评论：都锦生织锦开创了我国像景织物的先河，并应用于织造西湖风景，使之规模化与商品化，这在国内外都产生了很大的影响。[1]

[1]袁宣萍：《从浙江甲种工业学校看我国近代染织教育》，《丝绸》2009年第5期。

第二节　都锦生织锦的艺术

都锦生织锦不单是一种产品，更是一种艺术品，是一种工艺美术品，代表了当代中国织锦发展的巅峰。

从织锦的表现对象和表现能力上来看，都锦生织锦不仅能表现一般的织物图案画，同时能够表现大幅的绘画作品，不仅能表现平面画作，而且能表现富有立体效果的美术作品，如各式各样的绘画作品和摄影艺术品等。各种动植物、人物、山水风景、花鸟虫鱼等也皆有涉猎，尤其是它生动地记录了当时的历史文化形态，如西湖十景的织造，呈现了西湖的历史变迁，具有非常珍贵的历史文化价值。都锦生织锦不但内容丰富，而且组合也非常巧妙，且大多具有丰富的吉祥寓意和文化内涵，采用象征、寓意、谐音等手法，从不同的角度寄予着人们对生活的美好希望，对平安、富贵、吉祥的向往。如"吉祥图案"、"八仙寿字"、"三星高照"一类的织锦题材深受群众的欢迎。在表现绘画作品方面，都锦生织锦继承了传统的国画和宗教题材，又发展了对年画、版画、古典油画直到西方现代绘画的表现技法。特别是近年来开发的大型织锦壁挂，用于再现各种风格的绘画作品，真是千姿百态，精美绝伦，青于蓝而胜于蓝，其艺术性超过明清宋锦中最贵重的"重锦"挂轴。在装饰织锦类的日用品方面，图案题材也空前丰富，织锦台毯和织锦靠垫原是模仿云锦而来的，图案风格较粗旷，题材以装饰纹样为主。经过几十年的发展，题材扩大到花卉、人物、山水、动物、建筑物，纯装饰的传统纹样和现代装饰图案，等等。有的像一幅幅刺绣花鸟画作品；有的似一张张连环画，一个个故事情节引人入胜；还有的色彩绚丽，纹样雍容华贵。

从织锦的构图和画面来看，都锦生织锦的整个版面非常精致，布局严谨，色彩层次鲜明。织锦通过点、线、面的艺术处理，运用典型化、突出化的手法，着力抓住其中某个主要特征进行构思，主体图案占具中心位置，同时又对辅助对象进行精细的刻画，各显其精妙。虽然早年都锦生织锦仅有黑白两色，但却通过精美的构图将阴影的层次感表现出来，有水墨丹青画宁静雅致的装饰效果。五彩织锦技术发明以后，都锦生织锦的色彩表现力大大增强了，尤其是传统暖色调色彩的运用得到进一步的体现，织锦画面多以喜庆热烈的红、黄、绿等暖色调为主，表现出浓艳、富丽、块状的色调。在配色技巧上，都锦生织锦还运用了传统的"退晕"手法，以减轻大块色彩产生的刺激感，使色调和谐统一，显得极为自然。

虽然现在全国生产风景织锦的厂家很多，而且都把信息技术应用到丝绸设计中，仿制都锦生织锦，但都没有都锦生织锦的立体感，一看就是印花出来的，效果不好。据李超杰老人了解和比较，现在很多丝织厂都在生产张择端的《清明上河图》，仅杭州就有15家之多，但这些厂家生产出来的产品效果都差不多，纹路模模糊糊，一点都不清晰，一看就是印出来的，没有织物组织编织出来的艺术效果。都锦生织锦的产品从最先的黑白水墨画，到后来的彩色国画，一直到今天的西洋画、油画，各个时期、各个画派的作品都有，可以说是不同时期艺术品在织物上的重新表现。都锦生先生首创了在织锦上表现风景摄影作品的方法，随之引申开去，无论是人物肖像，还是动物花卉，抑或是果蔬静物的摄影作品，都能够栩栩如生地尽收织物之中。这不但是工艺上的独创，而且也是表现题材上的一次革命，给古老的织锦艺术注入了生机。

最后，都锦生织锦还将织锦的审美性与实用性相结合。将织锦画巧妙地结合在提袋、绸扇、绸伞、床罩、靠垫等产品中。随着五彩大台毯的设计成功，又相继推出了人丝方台毯、织锦小台毯、人丝圆台毯、狭幅小长毯和阔幅大台毯等系列，织锦的装饰性与实用性得到了更充分的结合。此外，都锦生实用织锦中的织锦缎和古香缎，花纹饱满、色彩绚丽、手感细腻，被广泛应用于各种服装面料。这使得都锦生织锦积极地向服装系列产品靠近，设计出一系列的服用织锦，使都锦生织锦成功的走上了一条艺术生活化、生活艺术化的道路。

第三节　都锦生织锦的未来

都锦生织锦是时代的产物，无论是在织锦设计、织锦销售、还是市场推广等方面，都有着辉煌的成绩。它始终面向市场，不断推陈出新，充满活力。这源于都锦生和都锦生的继承者们充满激情的开拓。随着时代的发展，人们的消费和审美观念发生了全方位的变化，以传统著称的织锦产品也经历了前所未有的冲击，都锦生织锦的生产经营曾一度陷入低谷，面临着脱胎换骨的生存考验。从20世纪90年代开始，都锦生织锦开始了以技术创新和产品创新为主要内容的新的征程。在技术上，既继承和改进沿用了几十年的织锦老工艺，同时又在原有的技术构成和要素构成中，加入了新的时代元素——数码技术，生产数码像景产品这样一来，既提高了劳动生产率，形成新的产业增长点，又推陈出新，生产出了新的都锦生数码像景产品。

在产品创新上，都锦生织锦是在保持传统工艺基础上的产品创新和保持传统品牌基础上的内涵创新。从传统单一的像景织锦发展成为像景织锦、装饰织锦、服用织锦三大类产品，将传统织锦与现代工艺和审美进一步结合，使产品不但具有观赏性和实用性，更往特色化方向发展，以满足现代人尤其是年轻时尚一族的需求。在新产品的开发上，都锦生企业加快反映新西湖、新杭州面貌的织锦产品的设计和生产，另一方面发挥真丝绸产品环保和舒适的特殊功能，推出自行设计开发的丝绸系列内衣产品。

经过十多年的努力，新的都锦生织锦焕发了青春，重振了老字号的声誉。最近，在省经贸委和省老字号协会联合举办的浙江市场最具活力"老字号"企业评比活动中荣获金牌企业的称号。一部以都锦生像景为表现主题的非物质文化遗产专题片《都锦生》于2008年由浙江电视台与中央电视台联合拍摄完成。在2011年都锦生实业有限公司申报的《杭州织锦技艺》被列入了第三批国家级非物质文化遗产名录。

丝绸是我们的国宝，有着悠久的历史和灿烂的文明，织锦更是丝绸艺术的完美结合，具有极强的民族性和文化内涵。化用白居易的话来说：忆江南，最忆是杭州，也许抹不去的是都锦生织锦的辉煌。它承载了一个企业、一座城市的历史文化和印迹，是一种生活方式和文化观念的具体体现。今天，在杭州城里生产丝织风景的并非都锦生一家，但"因为都锦生在这方面的杰出成就，将它统称为'都锦生织锦'"[1]。在经过近一个世纪的创新发展后，如今的都锦生织锦已经成为杭州织锦乃至中国织锦的代表，是现代织锦中规模最大、品种最丰富的民族织锦。

在都锦生丝织厂85周年厂庆的时候，都锦生的掌门人王中华作词的《都锦生之歌》是这样写的："你在西湖之畔诞生，呕心沥血，艰苦创业，采来祖国河山的美丽，融入中华民族之魂。啊，培育了一朵绚丽的东方艺术之花，交织成世上最美的织锦。啊，都锦生，你是为锦而生的人。啊，都锦生，你是一个平凡而伟大的人。你在西子湖边新生，励精图治，开拓创新，沐浴改革开放的春风，用辛劳的双手赤诚的心。啊，铸造了我们事业新的辉煌，描绘出我们锦绣的前程。啊，都锦生，我们开创的先行。啊，都锦生，我们是继往开来的人。"这首歌既回顾了都锦生织锦辉煌的历史，也展望着都锦生织锦华美的未来，是都锦生织锦的真实写照。

[1]袁宣萍：《西湖织锦》，杭州出版社2005年版，第51页。

参考文献

卜长莉：《社会资本与东北振兴》，社会科学文献出版社2009年版。

陈宝经：《江浙丝茧业衰落之原因及其救济》，《财政经济会刊》1932年第6期。

陈光熙、周雅卫：《东方艺术之——杭州织锦起源及发展》，《今日浙江》，2001年。

程长松主编：《杭州丝绸志》，浙江科学技术出版社1999年版。

丁惠敏：《品牌连锁经营是老字号企业的强势复兴之路》，《中华老字号》2010年第1期。

傅拥军、耿清华：《都锦生故居的前生今世》，《都市快报》2003年6月6日。

葛卫增：《西湖十景织锦雅赏》，《收藏界》2010年7月（总第103期）。

葛许国：《"锦绣西湖"都锦生》，《文化交流》2011年第6期。

果鸿孝：《中国著名爱国实业家》，人民出版社1988年版。

杭州织锦厂、浙江大学、浙江丝绸科学研究院：《提花丝织物纹制工艺自动化——谈谈"黑白丝织像景纹制自动化"》，《丝绸》1979年第4期。

何云菲：《论都锦生织锦艺术的特点》，《丝绸》1999年第8期。

黄勤刚：《五彩大台毯的织造》，《丝绸》1988年第10期。

李超杰：《都锦生织锦》，东华大学出版社2008年版。

——《红色证书》，杭州都锦生丝织厂宣教处、办公室办：《都锦生周报》1997年5月15日。

李冈原：《东方丝王都锦生》，天津人民出版社2011年版。

——《企业家的创新精神与文化积淀、世界视野——都锦生及其品牌的个案分析》,《杭州师范学院学报》2005年第6期。

李培林:《转型中的中国企业——国有企业组织创新论》,山东人民出版社1992年版。

李文海主编:《民国时期社会调查丛编》(近代工业卷),福建教育出版社2005年版。

刘伯茂、罗瑞林编著:《中国丝绸史话》,纺织工业出版社1986年版。

刘克龙:《东方艺术之花——都锦生织锦艺术探析》,硕士学位论文,杭州师范大学,2011年。

〔美〕罗丽莎:《另类的现代性:改革开放时代中国性别化的渴望》,黄新译,江苏人民出版社2006年版。

罗群:《贾卡织机——古代束综提花机与电力提花机的桥梁》,《丝绸》2005年第4期。

吕春生主编:《杭州老字号》,杭州出版社1998年版。

蒋猷龙、陈钟主编:《浙江省丝绸志》,方志出版社1999年版。

金普森主编:《浙江企业史研究》,杭州大学出版社1991年版。

倪好善:《都锦生织锦艺术有传人》,政协浙江省文史资料研究委员会编:《浙江文史资料选辑》第47辑,浙江人民出版社1992年版。

平萍:《从"大而全"的组织到资产专用性的组织:广州一家机器制造业国有企业的组织变迁》,哲学博士论文,香港中文大学,2002年。

沈一隆、金六谦:《杭州之丝绸调查》,浙江省建设厅工商管理处编:《浙江工商》第一卷,1936年。

宋永基:《都锦生丝织厂的回忆》,政协浙江省文史资料研究委员会编《浙江文史资料选辑》第10辑,浙江人民出版社1978年版。

Selznick Philip,*The Moral Commonwealth: Social Theory and the Promise of Community,* Berkeley: University of California Press,1992.

陶水木、林素萍:《民国时期杭州丝绸业同业公会的近代化》,《民国档案》2007年第4期。

王芸轩:《嘉氏提花机及综线传吊法》,商务印书馆1951年版。

魏颂唐等编:《杭州市经济之一瞥》,浙江财务人员养成所1932年版。

翁卫军主编:《杭州丝绸:东方艺术之花》,杭州出版社2003年版。

乌鹏廷、林子清:《杭州市都锦生丝织厂公私合营前后》,肖贻、崔云溪主编:《中国资本主义工商业的社会主义改造》(浙江卷),中共党史出版社1991年版。

吴广义、范新宇:《中国民族资本家列传》,广东人民出版社1999年版。

W.理查德·斯科特著:《制度与组织——思想观念与物质利益》,姚伟、王黎芳译,中国人民大学出版社2010年版。

肖贻、崔云溪主编：《中国资本主义工商业的社会主义改造》（浙江卷），中共党史出版社1991年版。

谢牧、吴永良：《中国的老字号》（上册），经济时报出版社1988年版。

徐铮、袁宣萍：《杭州丝绸史》，中国社会科学出版社2011年版。

——《杭州像景》，苏州大学出版社2009年版。

——《浙江丝绸文化史》，杭州出版社2008年版。

许炳堃：《浙江省立中等工业学堂创办经过及其影响》，中国人民政治协商会议浙江省委员会文史资料研究委员会等编：《浙江文史资料选辑》第1辑，浙江人民出版社1962年版。

袁宣萍：《西湖织锦》，杭州出版社2005年版。

——《像景织物的起源与流布》，《丝绸》2007年第8期。

——《浙江丝绸文化史话》，宁波出版社1999年版。

张颖超、张明富：《实业兴邦》，浙江古籍出版社1997年版。

赵大川：《杭州老字号系列丛书——百货篇》，浙江大学出版社2008年版。

钟毓龙：《说杭州》，浙江人民出版社1983年版。

周赳、龚素婍：《电子提花彩色像景织物的设计原理》，《丝绸》2001年第9期。

周雅卫：《创新使"老字号"焕发青春——来自杭州都锦生实业公司的调查》，《杭州日报》2006年11月9日第23版。

朱韶蓁：《谁能修补特大毛主席织锦像》，《钱江晚报》2009年11月3日。

朱新予主编：《浙江丝绸史》，浙江人民出版社1985年版。

庄则栋、佐佐木敦子：《邓小平批准我们结婚》，红旗出版社2003年版。

中共都锦生丝织厂委员会、杭州大学历史系编：《都锦生丝织厂》，浙江人民出版社1961年版。

浙江丝绸工学院等：《织物组织与纹织学》（下），中国纺织出版社1998年版。

杭州市档案馆编：《杭州市丝绸业同业公会档案史料选编》，杭州市档案馆1996年版。

建设委员会调查浙江经济所编：《杭州市经济调查》，民国浙江史研究中心、杭州师范大学选编：《民国浙江史料辑刊第一辑》第6册，建设委员会调查浙江经济所印1932年版。

中国丝绸协会、《中国丝绸年鉴》编辑委员会编：《中国丝绸年鉴》，丝绸杂志出版社2000—2007年版。

《杭州都锦生》：《浙江日报》2006年8月9日第12版。

杭州市政府社会科：《杭州市十九年份社会经济统计概要》，杭州市政府社会科1931年版。

西湖博览会编印：《西湖博览会日刊》1929年8月25日。

西湖博览会编印：《西湖博览会日刊》1929年8月18日。

杭州商业会社编印：《杭州商业名录》，杭州商业会社1931年版。

《本市政府第四科工商业登记表》，《杭州市政月刊》1928年第4期。

上海总商会出版：《商业月报》1928年第8卷第2号。

上海总商会出版：《商业月报》1929年第9卷第8号。

杭州都锦生丝织厂宣教处、办公室主办：《都锦生周报》1997年5月15日。

都锦生：《日本考察后之感想及个人事业梗概》，《国立浙江大学日刊》1936年11月3日。

《西湖博览会与丝绸业之前途》，1929年，http://www.chinasilkcity.com/silk/list1.asp?id=5086&type=4。

《风云浙商》纪录片之《一起寻找老字号的春天》2010年9月5日。

《百年商海：东方丝魂"都锦生"》纪录片，2005年。

《都锦生丝织厂档案》，藏于杭州市档案馆，1949—1978年。

附录一

都锦生织锦历年作品统计表[1]

[1]参考李超杰编著《都锦生织锦》，东华大学出版社2008年版，第110页；刘克龙：《东方艺术之花——都锦生织锦艺术探析》，硕士学位论文，杭州师范大学，2011年，第65-78页；袁宣萍：《西湖织锦》，杭州出版社2005年版，第37-50、63-126页。

生产年代	作品名称	规格	特色	备注
20世纪20年代	九溪十八涧	5英寸×7英寸	黑白丝织风景	我国第一幅丝织风景织绵
	平湖秋月	5英寸×7英寸	西湖十景	
	三潭印月			
	双峰插云			
	雷峰夕照			
	南屏晚钟			
	曲院风荷			
	苏堤春晓			
	柳浪闻莺			
	断桥残雪			
	花港观鱼			
	哈童像(上海犹太富商)	5英寸×7英寸	人像织锦	第一幅人像织锦
	总理便装像	5英寸×7英寸 7英寸×10英寸 10英寸×15英寸		
	总理遗嘱		字画和肖像的结合	
	宫妃夜游图	42厘米×96厘米	历代画家作品（明·唐寅）	获费城博览会金奖
	织锦提袋			绘有丝织风景
	织锦台毯、坐垫		台毯、坐垫	李克行设计
	五彩鸡	1公尺×2公尺	五彩织锦	试织五彩织锦
	蜻蜓荷花	10英寸×15英寸	五彩织锦	第一幅五彩织锦，陈贤林设计
	织锦晴雨伞		织锦晴雨伞	我国第一把织锦晴雨伞
	群鹅图	5英寸×7英寸 7英寸×10英寸 10英寸×17英寸 16英寸×30英寸		

生产年代	作品名称	规格	特色	备注
	毫釐图	16英寸×24英寸		西博会特等奖
	明皇夜宴		台毯	
	织锦西装、领带；织锦衬衣、运动衣等			服用织锦
	西湖博览会桥	28.5厘米×120厘米		1929年西博会作品
	银河夜渡	16英寸×54英寸 10英寸×17英寸		
	水天一色	7英寸×10英寸 10英寸×15英寸 16英寸×54英寸		
	雷峰夕照	7英寸×10英寸 10英寸×15英寸 16英寸×27英寸 16英寸×54英寸	四条屏	
	平湖秋月	7英寸×10英寸 10英寸×15英寸 16英寸×27英寸 16英寸×54英寸		
	西冷桥畔	7英寸×32英寸 10英寸×36英寸		
	云栖竹径	7英寸×10英寸 10英寸×15英寸 7英寸×32英寸 10英寸×36英寸	四条屏	
	冷泉瑞雪	7英寸×32英寸 10英寸×36英寸		
	保俶眺远	7英寸×32英寸 10英寸×36英寸		西湖风景图
	内西湖全景	7英寸×32英寸 10英寸×47英寸		
	外西湖全景	7英寸×32英寸 10英寸×47英寸		
	西湖全景	10英寸×47英寸		
	苏堤春晓	7英寸×10英寸 10英寸×15英寸		
	三潭印月	7英寸×10英寸 10英寸×15英寸 10英寸×17英寸 16英寸×27英寸		
	柳浪闻莺	7英寸×10英寸 16英寸×27英寸		
	曲院风荷	7英寸×10英寸 10英寸×15英寸		
	南屏晚钟	7英寸×10英寸		
	花港观鱼	7英寸×10英寸 10英寸×15英寸		
	双峰插云	7英寸×10英寸 10英寸×15英寸		
	断桥残雪	7英寸×10英寸 10英寸×15英寸		

生产年代	作品名称	规格	特色	备注
	西湖保俶塔	7英寸×10英寸 10英寸×15英寸		
	钱江塔影	10英寸×15英寸		
	九溪十八涧	7英寸×10英寸		
	西湖孤山探梅	5英寸×7英寸 7英寸×10英寸		
	西湖空谷传声	7英寸×10英寸 10英寸×15英寸		
	西湖双峰插云	20厘米×14厘米		
	小瀛洲	7英寸×10英寸 10英寸×15英寸		
	西湖白堤	7英寸×10英寸 10英寸×15英寸		
	浙江潮	7英寸×10英寸 10英寸×15英寸		
	钱江平眺	10英寸×17英寸		
	飞霞洞	7英寸×10英寸 10英寸×15英寸		
	灵隐飞来峰	7英寸×10英寸 10英寸×15英寸		
	会稽兰亭	14英寸×10英寸		
	北京万寿山颐和园全景	7英寸×10英寸 10英寸×15英寸		
	北平万寿山全景	7英寸×28英寸 10英寸×28英寸		
	万里长城	10英寸×15英寸		
	苏州虎邱全景	7英寸×10英寸 10英寸×15英寸		
	天童胜迹	16英寸×30英寸		
	镇江金山	10英寸×28英寸		
	洛阳北陵	10英寸×15英寸		
	庐山三峡涧	10英寸×17英寸		
	庐山瀑布	10英寸×17英寸		
	拿加拉瀑布	8英寸×44英寸		
	美国黄石公园	10英寸×17英寸		
	蟾宫祝寿	11英寸×19英寸		
	松鹤延年	11英寸×19英寸		
	寒塘廖红	11英寸×19英寸		
	枫叶秋溪	11英寸×19英寸		
	八仙寿字	16英寸×26英寸		
	吉祥双喜	16英寸×26英寸		
	富贵图	16英寸×24英寸		戴渔舟四季图
	耄耋图			
	杞菊图			
	梅雀图			
	国色天香	11英寸×15英寸		张子祥四季
	荷塘消夏			
	夜雨秋疏			
	寒窗清品			
	天真烂漫	10英寸×15英寸		
	昂然	7英寸×10英寸 10英寸×15英寸		动物
	醒狮	7英寸×10英寸 10英寸×15英寸		
	猫儿	7英寸×10英寸 10英寸×15英寸		
	蒋介石肖像			人像织锦
	张学良肖像			人像织锦

生产年代	作品名称	规格	特色	备注
	酒晋长春	39英寸×17英寸		五彩织锦
20世纪30年代	耶稣圣母	7英寸×10英寸 10英寸×15英寸		
	耶稣祈祷			
	耶稣牧羊			
	耶稣升天			
	耶稣为我			
	西湖戚继光纪念塔	3.5厘米×5.5厘米		
	北京北海白塔		经纬同时起花风景织锦（五彩锦织工艺）	莫济之设计
	西湖风景			
	杜月笙肖像		用纯丝织成	
	钱江潮			
	金谷园图	16寸×36寸	取材西晋石崇故事	倪好善设计
	虎	42厘米×92厘米		张善仔作品
	西湖竹骨绸伞		以竹子做伞骨，以西湖风景织锦为伞面	
	黄山云笼石	27厘米×57厘米		以黄山为题材
	黄山天都峰			
	黄山莲花峰			
	班禅活佛像	16英寸×27英寸		
	泰山			
	峨眉山			
	福星阁			
	厦门琵琶舟			
	辽宁北陵			
	广东潮州			
	南京六朝松			
	苏州园林			
	杭州钱江六和塔	20厘米×28厘米		
	湖光山色			
	西湖孤山全景	42厘米×70厘米		
	孤山内西湖	42厘米×142厘米		
	灵隐瑞雪	41.5厘米×137厘米		
	云栖竹径	41.5厘米×137厘米		
	飞花送酒	27厘米×96厘米		明·沈周作品
	溪亭逸事	27厘米×92厘米		明·谢时臣作品
	山水轴图	44厘米×96厘米		明·仇英作品
	溪桥策杖	44厘米×96厘米		明·文徵明作品
	五伦图	27厘米×92厘米		明·沈铨作品
	事茗图	27厘米×92厘米		明·唐寅作品
	麻姑献寿			
	南海观音	42厘米×72厘米		
	四禽图			马、羊、鹿、猴四兽
	十鹿图			以"鹿"喻功名利禄
	并蒂莲			装饰织锦
	上海全景	130厘米×200厘米		

新中国成立后

生产年代	作品名称	规格	特色	备注
1949	马克思 恩格斯 列宁 斯大林 毛泽东 周恩来 朱德	3厘米×4厘米 10厘米×28厘米 15厘米×17厘米		人像织锦 为庆祝斯大林七十大寿，中苏友好协会委托定织斯大林黑白半身像和彩色全身像
1950—1953	斯大林元帅像	24英寸×56英寸		毛主席访问苏联的国礼
	斯大林戎装立像			倪好善设计
	北京天安门	10英寸×14英寸		共1.3万幅慰问品
	克里姆林宫			
1955	西湖平湖秋月 西湖三潭印月 西湖双峰插云 西湖曲院风荷 西湖花港观鱼 西湖南屏晚钟 柳浪闻莺 西湖雷峰夕照 西湖苏堤春晓 西湖断桥 西湖保俶塔	3.5厘米×5.5厘米 42厘米×92厘米 42厘米×164厘米	新西湖十景	
	西湖三潭印月九曲桥			
	百鸟朝凤			
	百花齐放			
	西厢故事			台毯
	湖上春节（三百六十行）			
1956	甘地 普拉沙德 尼赫鲁 泰戈尔			共7200片
	苏加诺			印度尼西亚总统
1957	季米特洛夫			保加利亚总统
	松龄鹤寿	40厘米×100厘米		陈之佛作品
1958	武汉长江大桥	27厘米×130厘米		"大跃进"期间产品
	武钢之夜			
	毛主席在北戴河	42厘米×132厘米		北戴河会议
	西装领带绸			
	细纬大台毯			丝织工艺品
	高花台毯			
	东风缎	6米×12米		
	毛主席全身像	220厘米×350厘米	丝织工艺史上第一幅浮雕型像	黎冰鸿设计
	百子图	136厘米×136厘米		鲍月景设计，台毯
	北京人民英雄纪念碑	10英寸×15英寸		
	北京革命历史博物馆			
	北京颐和园知春亭	92英寸×27英寸 18英寸×27英寸		北京十大建筑的风景织锦
	北京人民大会堂			
	北京民族文化宫	27厘米×40厘米		
	北京万寿山全景			
	北京九龙壁	31厘米×68厘米		
	颐和园排云门铜狮			
	颐和园画中游			
	北京颐和园佛香阁			

生产年代	作品名称	规格	特色	备注
	马克思、恩格斯、列宁、斯大林、孙中山、毛泽东、周恩来、朱德、刘少奇、陈云、林彪、邓小平、董必武、鲁迅、胡志明、布尔加宁(苏联元帅)等	2.5厘米×3.5厘米 4.5厘米×7厘米 9.5厘米×14厘米 15厘米×17厘米 等各种规格		
	毛主席在甲板上	27厘米×40厘米	人像织锦	毛主席接见游泳大军
	你办事 我放心			毛泽东接见华国峰
	毛主席打乒乓球			
	上海大厦	28厘米×42厘米	风景织锦	
	上海夜景	114厘米×510厘米		
	苏州西园			
	无锡鑫园			
	广州六榕花塔	127厘米×206厘米		
	青岛水产博物馆	28厘米×42厘米		
	太湖晚霞	19公分×28公分		
	西藏布达拉宫		经纬起花	
	武钢新三号高炉	45厘米×70厘米	古人作品	
	峨眉烟霭	44厘米×96厘米		马融
	听涛图	27厘米×96厘米		明·唐寅
	浮风暖翠	27厘米×92厘米		元·唐棣
	柏鹿图	42厘米×92厘米 43厘米×100厘米		明·沈铨
	十鹿图	42厘米×92厘米 43厘米×100厘米		明·沈铨
	楼阁山水	43厘米×100厘米		清·袁耀
	三异图	34厘米×60厘米		张大千
	梅竹双鹤	42厘米×70厘米		
	虾			齐白石作品
	奔马	41.5厘米×137厘米		徐悲鸿作品
	铜雀台			台毯
	凤采牡丹			
	凤凰牡丹			

生产年代	作品名称	规格	特色	备注
60年代	主席走遍全国	9.2厘米×14厘米		
	毛主席去安源	150厘米×220厘米		
	毛主席和周总理、朱委员长在一起			
	毛主席接见红卫兵	27厘米×51厘米		
	毛主席在飞机上工作	18厘米×27厘米		
	毛主席在杭州工作			
	1917年历史性的会见	45厘米×70厘米		列宁和斯大林的会见
	三千里江山			以朝鲜革命为表现对象
	北京祈年殿	9.5厘米×14.6厘米		
	枇杷			
	蜻蜓			齐白石作品
	螳螂			
	雄鸡唱晓			徐悲鸿作品
	吹蒲公英			吴凡作品、现代版画
	貂蝉拜月	27厘米×92厘米		
	西施洗纱			沙孟海题字
	贵妃醉酒			
	昭君出塞			
	三星祝寿			
	秋庭婴戏图	96厘米×136厘米		台毯
	西厢记			鲍月景设计，台毯
	大观园			
	松风迎客	17厘米×72厘米		
	水调歌头			
	沁园春·雪			织锦诗词
	长征			
	浪淘沙			
70年代	山君虎图(猛虎下山)	42厘米×92厘米		何香凝作品
	丝织提花披肩			国外订货
	五伦图	27厘米×92厘米		重新恢复生产
	八仙寿字	16英寸×26英寸		
	观音	42厘米×72厘米		
	万里长城	27厘米×57厘米		
	峡江帆开			张大千作品
	鹤、雁、鸳鸯、鸡四条屏	27厘米×92厘米		明·沈铨作品
	鸳鸯、马、羊、鹿四条屏	10厘米×36厘米		
	高山奇树	42厘米×96厘米		唐寅作品
	雪山行旅			
	茅屋风清			
	春游女儿山			

生产年代	作品名称	规格	特色	备注
	丝绸之源	96厘米×136厘米		唐和设计、台毯
	春苑凝晖	96厘米×182厘米		唐和设计、沙孟海题字
	古长城外			丝织壁挂
	群马图	42厘米×92厘米		徐悲鸿作品
	山君(老虎)图	42厘米×92厘米		张善仔作品
	江山万里图	42厘米×1125厘米		宋·赵黼作品
	芙蓉双鸡			
	紫藤八哥	27公分×72公分		王雪涛作品
	梅花喜鹊			
	荷花鸳鸯			
	朱荷	42厘米×70厘米		
	松鹰图	96厘米×224厘米		潘天寿作品
	竹			
	熊猫			吴作人作品
	金鱼			
	西湖保俶塔			潘思同
	清明上河图			宋·张择端
	清风摇竹影			明·郑板桥
	秋风纨扇图	55厘米×175厘米		明·唐寅
	长江万里图			张大千
80年代	大富贵大寿考	42厘米×92厘米		民国·马孟荣
	猛狮			
	松鹤长春			
	天王圣母			
	如来佛祖			
	蟠宫祝寿			
	南海慈航	42厘米×72厘米		民国工笔画
	乐八戒			何云菲设计
	赤壁赋			
	出师表			织锦诗词
	兰亭序			
	四凤朝晖			织锦床罩
	锦上添花			
	世贸大厦、中央公园、自由女神像、富士山等			风景织锦
	织锦服饰、丝巾、睡衣			服用织锦
	织锦年画、挂历等	41厘米×125厘米 41厘米×85厘米		虎年挂历 富贵满堂挂历等
	蒙娜丽莎			[意]达·芬奇
	向日葵			[意]梵·高
	吻	110厘米×150厘米		[维也纳]克里姆特
	麦草垛与收割人			
	宋画全集			
90年代	海外藏中国法画集封面			
	邓小平肖像			人像织锦
	江泽民肖像			
	克林顿总统和夫人			
	列宁			
2000年以后	虎(系列)			双面绣
	定制双面绣			
	单面绣			

附录二

都锦生丝织厂大事记

1919年

都锦生毕业于浙江甲种工业学校，留任乙种工业学校（艺徒班）机织科教授并兼纹制工场管理员。

1921年3月

都锦生根据自己的摄影作品首创中国第一幅黑白丝织风景织锦《九溪十八涧》成功。

1922年5月15日

都锦生丝织厂创建于西湖茅家埠都宅，全厂仅一台手拉织机、两位工人。

1924年

杭州湖滨（旧花市街）开设第一家门市部，并在都宅空地建造一间小型厂房，手拉织机增至七台。

1925年

在上海四川北路、广州十八浦开设营业所。

1926年

都锦生织锦参加美国费城世界博览会展览，彩色古画织锦《宫妃夜游图》荣获金质奖章。这也是中国织锦在国际舞台上获得的第一块金奖。

1927年

工厂搬迁至艮山门新厂，手拉织机增至68台，全厂职工达130余人，首次设计丝织台毯坐垫成功。增设上海三马路营业所。

1928年

中国第一幅五彩锦绣织锦《蜻蜓荷花》投产。

1929年

都锦生丝织厂参加第一届西湖博览会，在丝绸馆中专门设立了都锦生产品陈列室。五彩锦绣织锦荣获特等奖，织锦领带荣获优等奖。

1930年

经纬起花锦织风景织锦获成功。

1932年

中国第一把竹骨西湖绸伞试制成功。为抵制日货，都锦生停用日产人造丝。北平、香港等地的营业所相继关闭。

1937年8月

"七·七"事变后，杭州遭日机轰炸，都锦生丝织厂被迫停工，关闭厂房。12月杭州沦陷，都锦生拒绝为政府任命，被迫避住灵隐山天竺寺里，后举家避居上海。12台织机运往上海法租界，维持小规模生产。

1938年4月

都锦生在上海西区租地建厂，从杭州将20台手拉机及大部分花版运至上海，并把法租界的织机并在一起，共有织机32台，勉强维持生产。

1939年

杭州艮山门厂房及新式机械、电力机、佛像花版等被日寇全部烧毁。

1941年

太平洋战争爆发，上海租界被日寇占领，都锦生丝织厂在上海的生产已难维持，工厂关闭。

1943年5月26日

都锦生因脑溢血在上海病逝，都锦生妻弟宋永基接管工厂，只保留杭州、上海二家营业所。

1946年

都锦生丝织厂全部迁回杭州艮山门。

1949年5月

杭州解放，都锦生丝织厂仅剩手拉机34台（其中开动17台），职工47人。

1949年9月至12月

承接第一项重大国礼任务，为毛泽东同志赴苏访问设计生产国礼《斯大林元帅》织锦伟人像。

1954年4月1日

都锦生丝织厂实行公私合营。

1954年8月16日

都锦生丝织厂被列为外宾参观单位。

1957年3月23日

周恩来同志来厂参观视察并指示："都锦生织锦是中国工艺品中的一朵奇葩，是国宝，要保留下去，要后继有人。"

1957年5月3日

公私合营都锦生丝织厂所属的伞部工厂划归杭州绸伞厂。

1966年8月24日

企业改名为"东方红丝织厂"。

1967年6月

受"文化大革命""破四旧"影响，许多照片、意匠图、花本、丝织实物样品被全部销毁。

1972年5月6日

企业根据周恩来同志的指示改名为"杭州织锦厂"。

1979年9月8日

人丝织锦缎获国家金质奖，风景织锦获国家银质奖。

1982年9月

人丝古香缎获国家金质奖。

1983年3月3日

企业恢复"都锦生丝织厂"厂名。

1984年9月

装饰织锦获国家银质奖，人丝织锦缎再获国家金质奖，风景织锦再获国家银质奖。

1986年6月

国家"六五"计划新产品项目，由唐和先生为主设计创作的大型彩色织锦壁挂《春苑凝晖》试织成功，该壁挂为我国规格最大、用色最多的彩色丝织织锦壁挂，代表当今织锦的最高水平。

1990年12月

企业被国家内贸部评定为"中华老字号"企业。

1997年5月15日

都锦生织锦博物馆开馆，该馆现为杭州市爱国主义教育基地。

2001年6月30日

企业改制为"杭州都锦生实业有限公司"，保留"杭州都锦生丝织厂"为第二厂名。都锦生织锦历经80余年的创新发展，已形成三大系列1640余个花色品种，目前已成为中国生产规模最大、花色品种最多、工艺最复杂的名锦之一。

2004年1月18日

都锦生故居由杭州市政府出资修建后，重新对外开放。

2005年5月18日

都锦生织锦被浙江省人民政府列入第一批浙江省非物质文化遗产代表作名录。

2006年

企业被评为浙江市场最具活力金牌"老字号"企业称号。在杭州市弘扬"丝绸之府"的对策研究调查中获得了丝绸美誉度第一名。

2008年6月

企业通过了国际ISO9001质量管理体系、计量检测体系、标准化良好行为三项认证。

2008年11月

企业被浙江省经贸委授予"浙江老字号"企业称号。

2008年12月28日

企业在《浙江日报》为纪念改革开放三十周年而发起的大型读者推荐活动中被推荐为"浙企常青树"。

2009年6月1日

企业参与了由国家质量技术监督检验检疫总局和国家标准化管理委员会以2009年第5号（总第145号）发布的《织锦工艺制品》标准的制定。

2009年9月17日

企业入选首批杭州休闲生活体验点。

2009年9月21日

企业被杭州市经委授予"2009年杭州市丝绸与女装五大品牌专卖店"称号。

2009年12月16日

企业被杭州市人民政府认定为首批"杭州老字号"。

2011年3月

企业再次被国家商务部认定为"中华老字号"。

2011年5月

经国务院批准，企业申报的《杭州织锦技艺》被列入了第三批国家级非物质文化遗产名录。

2012年5月

企业被授予首批联合国教科文组织全球创意城市网络"工艺与民间艺术之都"传承基地称号。